How To Be A Dad

困惑的新爹

〔英〕奥斯卡·杜克 —— 著

雷若菡 —— 译

台海出版社

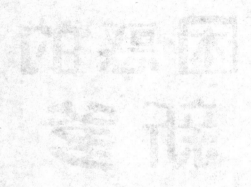

前　言

多年以来，我一直在关注孕妇群体，以便为准备迎接新生儿降临这个世界的准父母们提供支持。我看过新任父母们手忙脚乱且尽心竭力地照顾新生儿，也看过婴儿们在毫无防备的朋友身上呕吐，或用黄色的便便糊满整个地毯。其实，这些都并不如听起来那么有趣。

你可能会认为在经历了长时间的学习、夜班和考试后，我已然知道了作为一名医生应该懂得的一切，可事实上并非如此。在内心深处，我认为没有任何事物可以替代我作为父亲的第一手经验——而我的感觉是对的。在女儿出生后的第一周里，我学到了比任何教科书、随叫随到的轮班或产前课程都要更加实用的知识。

而其中最让我感到惊讶的是，当成为父母的历程如此迅速地在我眼前拉开序幕时，一股浩瀚的情绪竟伴随而生。在我读过的所有书中，没有一本曾提到过一位父亲发现自己将要拥有一个孩子时的感受，也没有一本描绘了当他眼睁睁地看着孩子的头从母亲阴道口露出来时内心深处所迸发出来的情感。其中一些令人感到悠然自得，另一些则令人感到恐惧或振奋。然而随着新任爸爸中患产后焦虑和抑郁症的比例都出现惊人的增长时，我认为有必要讲一些事情了。

你当然可以通过直接面对这些事情来积累经验，但我更希望通过分享我和我医治的患者的个人经历，你能够构建应对未来可能发生的一切的心理保障，从而以你自己的方式去探索做一位父亲的道路。

宝宝的成长图

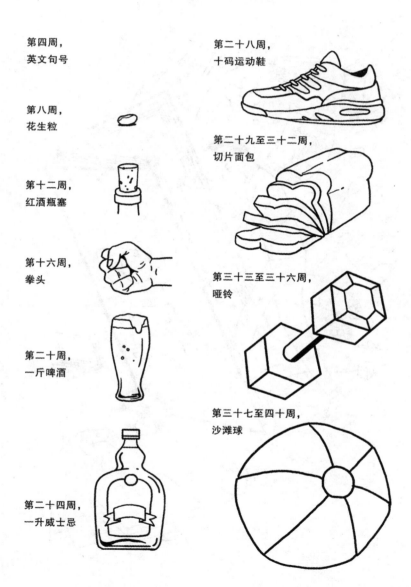

第四周，
英文句号

第八周，
花生粒

第十二周，
红酒瓶塞

第十六周，
拳头

第二十周，
一斤啤酒

第二十四周，
一升威士忌

第二十八周，
十码运动鞋

第二十九至三十二周，
切片面包

第三十三至三十六周，
哑铃

第三十七至四十周，
沙滩球

- 目录 -

睾丸

—— 一切开始的地方

医者之谈

　　自从你降生在这个星球，这两个小小的，或者说并不那么小的生命宝库就已经存在了。通常情况下，睾丸容易受到外界的伤害，如果听取过健康建议，你可能会偶尔检查一下这些潜在的"生命给予者"上有没有出现肿块和隆起——现在却成为你脑海中的头号大事。而你之所以拿起这本书，也许是因为你想了解你的孩子将来在育儿课上是否会表现出色，又或者仅仅是因为你想知道他们未来成功的潜力而已。

　　经过多年从"性致勃勃"到"性致缺缺"的经历或是关于你的妻子是否还记得那天她采取的避孕措施此类的谨慎问询，游戏规则如今已经改变了。即使你同我一样，对于可能感染衣原体或是其他性传播疾病充满恐惧，但它们在意外怀孕的前景面前却显得那么微不足道。我们知道大多数感染的病都可以被治愈或被有效地治疗，但成为父亲的想法，简而言之，则处于另一个层级上。从你的睾丸第一次创造生命的那一刻开始，游戏规则便被改变了。

　　女性能够浏览的大量图书、博客、播客和杂志中，用数十亿页的篇幅介绍了受孕、怀胎和分娩的历程。而我写这本书的目的绝不是为了破坏任何孕妇所将步入的漫长生理、心理和荷尔蒙旅程。作为这本书的作者，一个抛弃了避孕套、历经大起大落而最终成为父亲的医生，我希望能从某种程度上回答一些"男人的问题"，一些永远不会出现在酒吧、更衣室、饮水处或其他任何男人可能出现的公共场合的问题。来面对现实吧：让男人们谈论自己的私事几乎像精子使卵子受精一样困难。希望你通过阅读这本书，能够理解即将出生的宝宝到底是怎么回事，并能建立一个良好的开端。把所有的建议想象成一个男人透过纸面的拥抱，引导你度过一个潜在的，充满术语的、荷尔蒙的、社会变革的、睡眠不足以及裹着小屁股的脏尿布的诡谲世界。

·学习伊始

经过了多年有关生物化学，心脏、肺、骨骼以及其他器官的研习之后，在攻读医学院的第四年，我的课程目标最终转向了产科——一个负责帮助妇女接生助产的医学分支。我对这门学科的兴趣曾跌至谷底，当然，这是在《忙碌的产房》（*One Born Every Minute*）[①] 出现在电视节目上之前。看着一个刚出生的婴儿脱离母亲的腿间或是被医生从母亲剖开的腹中取出，确

---

① One Born Every Minute，BBC 频道四的电视节目，专门讲述产房内的故事。

实是一种相当新奇的体验，但我却从未想过拥有一个属于自己的孩子。

在学习的第一个星期里，我们体会了迄今为止最离奇、最具传奇色彩的医学训练——甚至远远超出了解剖人体的领域。我们被分成几个小组去参与妇科联合伴学（Gynaecology Teaching Associates）①，而进行指导的是一对和蔼可亲的中年女性。她们通过互相示范，教授我们如何进行阴道检查，以及如何使用窥器（一种鸭嘴形塑料工具，女性很害怕在做涂片检查时使用它）通过阴道观察子宫颈、子宫内口或子宫。我们一个接一个地排队练习，两位女士则实时给予反馈，她们所讲述的话语至今仍铭刻在我的脑海之中：

"非常好，现在把你的拇指从我的阴蒂上拿开"，或是"做得不错，下次尽量别抓到阴毛"。

好吧，我们还学习了什么呢？子宫颈这个器官将在故事中占有重要地位。如果你曾经把任何能被感知的东西放进阴道，你可能已经触碰到了它的存在。子宫颈在手感上有点儿像你的鼻尖，它的外形则像一个中间有洞的小甜甜圈，还有人说事实上它的样子看起来就仿佛是一个阴茎头从阴道里面盯着你看。

几年后，我作为一名在性健康诊所工作的初级资格医生，

---

① Gynaecology Teaching Associates(GTAs) 是一种被广泛运用在美国和加拿大的教学方法，主要内容是由训练有素的女性们在自己接受产检时进行相关知识指导。

开始了对于女性子宫颈的第一次专业研究。当受检者爬上检查台时，她想知道经期是否会对这次检查产生影响。这并不会，所以，我轻柔地安慰她不必担心——但仅仅是对她而言罢了。在我的内心深处，却萦绕着一丝踟蹰。我的脑中闪现出生物学普通中等教育证书（GCSE）[1]，还有那些隐约记得的显示月经周期中荷尔蒙变化的复杂图表。其实真正纠缠我的恐惧是经血本身，但一看到它，我的认知就彻底改变了：这不是什么恐怖电影里的东西，而是一滴滴灵巧地从子宫颈口渗出再流入阴道的温顺血液，是一个了不起的自然现象，是生育能力和生命降临的标志。有那么一瞬间，我感觉自己就像是大卫·爱登堡（David Attenborough）[2]，面对自然世界的神奇而惊叹不已。当我从短暂的心下沉吟中回过神来，用医用棉签快速擦拭并取出窥镜后，才得以安然无恙地逃离了恐惧圈。

· **"造人工程"**

现在我的注意力转向了一个与之相反的目标——生孩子。身处于这个人们比以往更不愿意看到阴道流血的世界，你多半是在熬过了坚持使用数月的排卵计算器、经期应用程序和多次的性生活后才步入这个阶段的。这意味着或许你终于在生育诊

---

[1] GCSE，普通中等教育证书，是英国学生在中学毕业时取得的标准学历证书。

[2] David Attenborough，BBC 电视台主持人，"世界自然纪录片之父"。

所的帮助下成功了，也可能你不小心让某人怀孕了。而你开始思考，随着睾丸的萎缩，前方等待着你的将会是什么。

几代人以前，男人们只是负责提供精子，支付所有的婴儿用品，然后便回去专心地工作。而更早之前的那个年代，你只能看到男人们一头扎到生意中，直干到心满意足为止。自那时起，一种合乎情理的关系终于出现了长足的改变与发展。男人们，尤其是身为人父的那一部分人，理应理解并充分参与到孩子的孕育、生长、降生和养育之中去。作为一位知情并参与其中的父亲，你的付出能够改善妻子怀孕的结果以及孩子的童年行为和未来几年的人际关系。

今天从奶爸到同性父母，行业龙头，再到全职雇工，爸爸们所承担的角色从未如此多样化。无论你有何种打算，父亲这个身份都会给你带来巨大的挑战和回报。

你可能会问自己：什么时候才是生孩子的好时机？它将如何影响我的生活、人际关系、工作或家庭？我能负担得起小孩的生养所需吗？这些都是非常实际的问题，当我最终决定成为父亲时，这些问题曾在我的脑海中闪过。我的妻子从一开始就想要个孩子，自从我们结婚后，这种想法变得越发强烈——而那些好男人们甚至已经开始大谈特谈他们孩子的未来规划了！

可是什么才是我真正想要的呢？我知道曾有一天，我突然想成为一位父亲，可那个想法是从哪一刻萌生的？我想知道合适的时机真的到来了吗？我已经足够成熟了吗？我记起最近在超市买索维农酒（Sauvignon）[①] 时，店员问我要身份证。我回答道："我 31 岁了。""但你看起来很年轻。"销售助理在拒绝接过我的英国国民健康保险（NHS）[②] 身份证时说，好像这是某种赞美——那个证件上清楚地写着我是一名医生，表明我已经达到了法定的饮酒年龄。

从医学上讲，我们如今知道男性的精子质量将随着年龄的增长而降低，而这可能会增加你的孩子患上自闭症等疾病的风险。虽然这并不完全是隐藏在女性生育能力中的一个定时炸弹，但当各类研究揭示了更多问题时，它依然值得我们深思。然而在现实生活中，我们可能永远等不到一个完美的时间点。就我自己而言，只需要迅速地做一个"作业检查"就能发现我的一部分已经被选中了，并且结合得相当完美。在这个过程中，睾丸产生了一些东西，可谁知道这些东西是不是"物有所值"呢？

很显然，在这本书中我不能顾及每一个准爸爸各不相同的特殊情况，但是不论你在担心什么，请放心，你总会从中得到可用的帮助和建议。以我自己为例，我每天都在害怕会将白化病（一种导致白发和白肤以及严重视力障碍和色素紊乱的病症）这种遗传病的基因传递下去。虽然这不是一种危及生命的疾病，但它仍然是相当不受欢迎的。如果有人告诉我，他们在选用白

---

① 索维农酒，又名赤霞珠，世界知名葡萄酒之一。原产地为法国波尔多。

② NHS，即英国国家医疗服务体系，负责承担保障英国全民公费医疗保健。

化病患者来参演《达·芬奇密码》或者哈利·波特的死对头德拉科，我可能产生很不同的感受。德拉科只是一个金发笑料，但比起诅咒自己的孩子整日盯着电视屏幕无所事事或是不知道被哪辆巴士轧死，我更愿意把自己的优良品质遗传给他们。因此，我去见了一位遗传学家。

经过一番令人煎熬的等待，基因中的缺陷终于被检测出来了。仔细检查后发现，在我的DNA上有一个微小但弥足关键的错误因子，同时有人告诉我，我会把这个因子遗传给所有子孙后代（可怕的字眼），而只有当我的妻子也携带这个基因时，白化病才会变为显性。她不是白化病患者，我们也没有血缘关系（据我们所知），所以，最后我们决定听天由命。这个决定就好比购买了一张彩票，令人感到不安，而我能做的就是祈祷中奖的概率足够渺茫。可最近当我录制完了一部关于东非白化病人被谋杀和肢解的电视纪录片后，我的看法发生了一些变化。患白化病当然不是理想的结果，但是还有更糟糕的事情可能会发生。相比之下，白化病也就不那么可怕了。在本书的后半部分，我将揭开怀孕期间常规基因筛选一事的神秘面纱。

这又把话题巧妙地带回到了我的睾丸上，或者说你的睾丸上。你有整整一半的基因组被包裹在每一个小小的精子里。如果一切顺利，在射精过程中，将有超过3900万个精子悬浮在富含养分的精液里，并以超过 20 英里 ① 每小时的速度射离你的阴茎。每个精子的体积有所差别，但当这些平均容积为 3.7 毫升（约 3 / 4 茶匙）的小"泳者"加入受精这个极富危险与挑战的旅程中时，只有极少数的精子能够幸存。所幸对于我们男人来说，在前程中幸存的机会要大太多了。所以检查好你的睾丸，让我们一起在"泳道"上扬帆起航吧。

为父者说

作为一名医生，我更希望用一种浅显易懂，但又不失乐趣的方式，来解释这个令人兴奋的成父之旅，这样没有接受过医学培训的人也能听明白。但是，对于我自己成为父亲所必须领会的知识而言，我在培训和职业生涯里学到的科学、程序和术语只占其中的一小部分。因此，我在每一章中都添加了一个"为父者说"的部分，从而让我们无论是从专业还是个人层面，都能更加深入地了解我和我所遇到的成百上千的父亲们在着手于人生中最重要挑战时的所思所想。这是一个相当情绪化的过程，

———————————

① 1 英里 =1609.344 米。

你可能曾经听到过类似的故事，因为它们来自那些同样经历过这个阶段的人。没有两个男人会有完全相同的经历，所以，你的经历也是独一无二的。如果你已经站在起跑线上了，那么无论你是否定义了自己的性别和性征，无论你是否开始思考成为父亲的能力，我都希望这本书能有助于促进和增强你的相关经验。

她想要的

也许你们可以在成为爸爸的道路上承担任何角色，但迄今为止依然有一项难于负担的工作，即生养孩子。作为弥补，你应该成为支持伴侣的无价动力源泉。每一章的结尾都将有一个收集了各项来自孕妇孕期调查的反馈栏目，包含了针对准爸爸们"非做不可"和"非不可做"的重要指南。

这个栏目将告诉你怎样才能帮助你的妻子减轻负担。对你的妻子来说，这样才算公平！

子宫

——从繁殖到胚胎

医者之谈

　　也许你多年的备孕计划终于迎来了妻子可能怀孕的消息；或者你接到了一个"可怕"的电话，一个女人告诉你她已经很久没有来过月经。不论如何，请保持冷静并深呼吸，然后通过验孕来正式确认一下。你的妻子可以从任何一家药店或是超市里购买到家用检测包，也可以直接约诊医生或是去性健康诊所进行检查。

　　当你飞速游动的精子和伴侣的卵子朋友难舍难分地结合在一起时，它会沿着输卵管（连接卵巢和子宫的细管道）向下行进，最终嵌入到子宫壁上。随着受精卵的发育，胎盘——在怀孕期间作为屏障为胎儿提供稳定食物来源的奇形怪状的器官——开始逐渐形成并依附在子宫壁上，然后将一种叫作人绒毛膜促性腺激素（HCG）的荷尔蒙释放到流动的血液之中。血液被肾脏过滤，人绒毛膜促性腺激素由此进入女性的尿液。这种所谓的"注入"可能发生在卵巢（排卵）排出卵子后第6天到第12天之内的任何时间。而不管包装上是怎么保证的，怀孕测试试剂盒的工作原理都差不多。无论你的妻子是选择将尿液收集在一个容器里，然后将验孕棒浸入其中，还是直接在验孕棒上排尿，人绒毛膜促性腺激素的存在都会让其展现明确的结果。有些试剂盒声称可以在各种不同的阶段检测到怀孕，有些甚至保证能在月经没有到来的前一周检测到。这些装置是如此的不可思议！

你也许和其他的准父母们一样，只有在花了一小笔钱买了价格更高一些的测试工具后，才终于能够相信那些细细的蓝色阳性线条不是你的臆想。然而，哪怕是一条模糊的线也意味着测试结果是阳性的，生米已然煮成熟饭了。如果测试结果不呈阳性，而你的妻子却仍然没有生理期到来的迹象，那么便缓和几天，然后再试一次（大多数测试套件都至少装有两根验孕棒）。

· 告知之前

与其冲到屋顶上大喊大叫，或是在社交媒体上贴满你用过的验孕棒的照片，你倒不如花几分钟时间设想一下怀孕初期可能出现的问题。有时候，受精卵没有在子宫的正确位置上着床，而是卡在了子宫外部，例如输卵管中，这便是所谓的宫外孕。如果出现这种情况，不仅宝宝无法存活，而且如果没有被察觉到的话，它可能会对你的妻子造成巨大的危害，所以，这类受精卵必须被移除。而这可以通过服用药物或进行外科手术来实现。在英国，每年大约有12000个相关病例。宫外孕的迹象主要包括阴道流血，肚子疼痛，还有古怪的肩周疼痛。更迷惑人的是，即使是在受精卵着床顺利的情况下，也可能出现正常的少量出血现象。所以，为了安全起见，若怀孕期间出现任何出血或腹痛，请告知你的医生或助产士，如果他们认为有必要，可以安排B超来查看一下真正的情况。

当我们谈论起孕初出血时，我们不应该忽视这也有可能是流产的征兆。已知的怀孕中大约有1/4以流产告终，但是有人认为多半的流产发生在女性意识到自己怀孕之前。流产往往是婴儿发育过程中存在潜在遗传问题的结果，其中大多数（约85%）出现在怀孕的前12周内。如果你和你的妻子经历了这种事情，毫无疑问这将是一段非常令人烦乱和痛苦的过程，但请记住，你们依然可以互相依靠。

最重要的是，多数的流产都是偶发状况，绝大部分女性将来都能成功怀孕。告诉你这些事情其实很常见或许没有什么安慰效果，但是还请尝试保持积极的心态，接受帮助，这样，当你和你的妻子做到身心交融时，再让那些精子游动起来吧。

· **妊娠周期**

现在让我们想象一下，迷你版的你正安全地待在母亲的子宫里。怀孕是一个线性的问题，即使是最没有条理的准爸爸在早期阶段也应该动动脑筋。人们经常谈论的"怀胎9月"实际上是指为时40周的"妊娠期"，而更有数学头脑的人会意识到这其实根本不是9个月。传统意义上的怀孕期分为三个阶段，这些时期就是医学上称呼的"3个月"。第一个"3月"是第1

周到第13周，第二个"3月"是第14周到第27周，最后一个"3月"是第28周到分娩日。但请记住，虽然40周是个魔力数字，但女性在37周到42周之间的任何时候生出所谓的"足月宝宝"都是完全正常的。就此类医学类型而言，婴儿出生在一个正常和安全的时间里，如果一切顺利的话，他们可以在没有医疗援助的情况下生长于大千世界——当然，他们还是需要一些辅助，所以，请继续将本文阅读下去。

随着时间的推移，你可能会疯狂地计算宝宝的"预产期"。现在，这里有一个数学课上不会涉及的计算。怀孕持续了40周，但是，应该从什么时候开始算最初的时间点呢？你可能非常确信是在妈妈与爸爸结合的那个夜晚、白天或者是慵懒的下午，怀孕就此发生，但事实是，即便父母在手机日历上记录了自己的性生活计划，确切的怀孕日期也不得而知。这是因为精子一旦进入女性的生殖道，它们最多只能存活7天，卵子只能在受孕前存活一天。

所以为了方便计算，"预产期（EDD）[①]"是从你妻子最后一次生理期的第一天起往后数40周。关键点在于"E（estimated）"——因为这仅仅只是一个估计。对于一部分女性，尤其是月经不规律的女性来说，她们很难计算出准确的日期。婴儿的出生和微波炉不一样，一到预定的时间就会突然发出"哔

---

① 预产期（EDD），即 estimated delivery date.

哗"声，然后把"产门"猛地打开。虽然它们一旦准备就绪就会降生，但预产期终究是一个能应付所有铺陈计划的粗略指南。很抱歉时间没办法完全准确，可是我们目前只能给你提供这些帮助了。如果你现在正在翻看日历寻找自己遗忘了的预产期记录，一个快捷公式也许能帮到你：定位最后一个经期的第一天，往回数 3 个月，再加上 7 天，最后得到的就是预产期。也可以让生活变得更简单一些，使用在线的预产期计算器计算时间。

·健康万岁

每当我第一次遇到一个刚刚发现自己怀孕的女人，我们的话题就不可避免地转向了当"3 个月"之期已然在望，她应该做些什么和不应该做些什么，以保护她未出世孩子的健康。我在给准爸爸们提建议的时候，我听起来像是个营养学家，但问题的本质很简单：让你的妻子身体健康，就能让你的宝宝身体健康。你的妻子应该避免接触所有大家私下里已经知道的对自己有害的东西，当然还需要警惕一些怀孕之外的事情。

但是，女人在即将当母亲时开始放弃那些事物之前，我需要先补充两件事情。叶酸补充剂可以用来防止婴儿神经管畸形 [1]，例如脊柱裂，理想情况下应该在受孕前 12 周时开始服用，

---

[1] 神经管畸形，别称神经管缺陷，是一种严重的畸形疾病。神经管即胎儿的中枢神经系统，而神经管缺陷是指怀孕前期 0-3 个月之内的胎儿神经管发育不全。

并至少持续到怀孕的第 12 周。大多数女性每天需要摄入 400 微克左右的叶酸。但是，那些超重（BMI > 30）、患有糖尿病或腹腔疾病以及正在服用某些癫痫类药物的女性则需要摄入更高的剂量，具体需要寻求专家的建议。同时，我也建议所有的孕妇和处于哺乳期的女性每天补充维生素 D。很多公司正在生产的日服备孕药便是由这两种补充剂混合制成的。

毫无疑问，有一件事情必须被舍弃，那就是吸烟。吸烟会对母亲和婴儿的身体造成严重的伤害，并增加宫外孕、流产和死胎的风险，这是人尽皆知的事实。如果你的妻子是一个吸烟者，那么，就会有医疗团队提供全方位的支持来帮助她戒烟。在这之后，通常会进行一氧化碳呼气测试——原理上有点像酒精呼气测试仪——来确保她已经戒烟了。戒烟是件很棘手的事情，但这可不是一个免除戒烟的好借口。在专业人士的支持和某种形式的尼古丁替代疗法的帮助下，戒烟的可能性将增加 3 倍之多。所以努力接受口香糖、含片吧——它们在怀孕期间都是安全的。

当然，如果你的妻子不吸烟，她和吸烟的人待在一起也会伤害到你的孩子。所以，如果你或是其他和你们一起生活的人还在吸烟，那么是时候为你未出世的孩子负起责任，来戒掉这个习惯了。吸入过多的"二手烟"会导致死胎和婴儿猝死综合征（SIDS），或称"摇篮猝死"（见"睡眠"章），同时也会阻碍婴儿的健康成长。不，在你开口询问之前我要回答你，厚着脸皮去室外抽烟恐怕解决不了问题，衣服上和家庭环境中有毒化学物质的残留才是所有问题的根源。尽管这可能很难，但是必须戒掉吸烟！

酒精永远是一个备受争议的话题。许多准爸爸担心他怀孕的伴侣在尚不知情的情况下饮酒，这可以说是杞人忧天。首先，已经喝掉的酒无法再从肚子里倒出来，包括那瓶在办公室派对上喝光的普罗塞克酒；其次，它也不太可能引起任何严重的问题。也就是说，一旦你得知她怀孕了，科学的建议是你应该制止自己的伴侣在怀孕期间饮酒，尤其是在怀孕早期，因为这会增加流产和早产的风险，而过量饮酒足以诱发胎儿酒精综合征①。一些孕妇确实会选择偶尔饮酒，但是一定要确保摄入量维持在一个较低标准。

虽然"两口子"和"肚子里多张嘴吃饭"不是一回事，但督促你的伴侣留意孕期饮食的注意事项还是很有必要的——健康的妈妈和健康的宝宝之间要画上等号。有些食物应该完全忌口，因为它们具有较高的感染风险，可能会使妈妈肠胃不适或是对腹中的宝宝造成伤害。让我们先从奶酪说起。首要规则便是切忌使用未经消毒的牛奶制作奶酪，排除了这点隐患后，硬

――――――――

① 胎儿酒精综合征，是指母亲在妊娠期间酗酒对胎儿所造成的永久出生缺陷，程度会受母亲喝酒的分量、频率及时间影响。

奶酪就是一种很好的食物。而像食用霉菌成熟干酪[①]，臭烘烘的软奶酪（如布里干酪），卡门贝尔奶酪，蓝纹奶酪和部分山羊奶酪一类，则有使孕妇和婴儿感染李斯特菌的微小风险，从而引发一种称为李斯特菌病的传染病，进而导致新生儿缺陷或流产。当然，奶酪爱好者们可以稍微松一口气，因为一旦奶酪经过烹饪，这种风险将大大降低。所以，你可以烤一个卡门贝尔奶酪，让蓝色的奶酪在比萨上面"吱吱"作响，或是烤一些山羊奶酪，然后把它拌在沙拉里。像马苏里拉奶酪、羊乳酪和乳清干酪这些经过巴氏消毒的奶制品都是十分安全的。我是一个医生，而不是一个厨师，不过拥有一点点烹调的天分能让女性在孕期受限的生活焕发光彩。

当我们处理食材的时候，生的或未经烹饪的肉类都有可能带来感染弓形虫病的风险——弓形虫是一类寄生虫，常常存在于猫粪和未经巴氏灭菌的羊奶中（哪怕是一位大厨也不能用这两种原料做出可以下嘴的菜来）。所以，一定要把肉彻底煮熟，如果你的伴侣迫切地需要一盘生肉或腌肉来满足口腹之欲，比如意大利腊肠或意大利熏火腿，那么，要么先把它们冷冻 4 天以杀死那些讨厌的寄生虫，要么把它们撒在铺满发臭熟奶酪的比萨上，然后放进烤箱烤熟。

[①] 在制造干酪的过程中，使干酪发酵与成熟的特定微生物培养物称为霉菌成熟干酪。

另一方面，对食用生鱼一类冷冻食品的限制已经放松了，你仍然可以纵情享用心爱的寿司，只要确保其上的鱼被提前冷冻过。然而，孕妇们应该尽量避免食用鲨鱼、旗鱼或马林鱼，因为它们的肉中含有高水平的汞，可能会损伤婴儿的神经系统。同时，金枪鱼的每周食用额度也不应该超过两个金枪鱼排或四个中号罐头的量。我建议孕妇们不要吃过多的油性鱼类，比如鲑鱼、鲭鱼、鲱鱼和鳟鱼，一周至多不要超过两份。最后，当我们在食品柜里焦头烂额的时候，不得不谈及一下花生。目前没有任何证据表明孕期吃花生会增加孩子花生过敏的风险。所以，不管你听到什么风声，如果孕妇喜欢，就让她敞开肚皮去吃吧！

为父者说

然而，还没来得及开始施行"要个孩子"的计划，我妻子所谓"试试水"的想法就被几个夜班彻底打消；再没有什么比值夜班更能扼杀性欲的了。一系列的 App 程序、排卵检测器和停止避孕所带来的结果便是我的妻子，一个声称自己和科学家毫不搭边的人，如今表现得像一个生育医学专家。随着妻子那个特殊时期的临近，一种兴奋之情逐渐在我们之间踊跃。她会怀孕吗？我们的第一次尝试能成功吗？第二天，我在工作的时候收到了附带一连串悲伤表情的短信。不，这个时刻终于到来了，但我们并没有像期待中的那样成为生育超人。我的精子一定为此受到了强烈的谴责——多半是它们的错——附赠一份批注了"还需努力"的学校成绩单式意见反馈。

后面的细节我就不再多说了，没过多久，我就发现妻子的经期没有如约而至。一个星期过去了，依旧一无所获；两个星期过去了，验孕的诱惑终于变得难以忍受，所以，我们决定再进一步。第二天在妻子上班的路上我们一起去买了验孕盒。我曾经嘲笑过那些情节荒谬的验孕盒广告，在那些广告中常常有一个高兴的女人从浴室里出来，眼里饱含着喜悦的热泪，而手中挥舞着浸完尿液后显示出两条蓝色阳性线条的验孕棒。但是突然之间，换成我来面对这个了。

这是一种难以置信的感觉，一种购买了所有验孕棒后一次又一次测试的渴望，一股成功的喜悦和一种对于难以胜任爸爸这个角色的恐惧，一齐涌上心头。在那一瞬间，我从一位掌握怀孕、分娩和养育子女理论知识的医生，摇身一变成为了准爸爸，我意识到了自己缺乏所有的实践经验，那就是如何做一位真正意义上的父亲。事实证明，产生这样强烈繁复的情感并不出乎寻常。尽管这次怀孕是在计划之中的，我还是抑制不住地怀疑现在究竟是不是一个合适的时机。我和妻子真的能胜任父母这份工作吗？我们的生活会有多大的改变？

但是，与我血管中流淌着的脉脉温情相比，这些都只是表面上的担忧罢了。一种令人惊异的自豪感和快乐感就此在我的心中升起，我就要当爸爸了，不管我准备好了没有，这个孩子因我而来了。我暗下决心，无论前方等待着我的是什么，我一定要张开双臂去拥抱、去享受这段旅程。

然而对于另一位准爸爸来说，事情却并不是那么顺利。在经历了验孕阳性的欣喜之后，他和出现绞痛伴随阴道出血的伴侣在当地急诊室度过了一个晚上。医生们经诊断后认为，这不是宫外孕的症状，但可能是敲响流产的警钟。于是，医生要求他们第二天来进行 B 超复诊。这位准爸爸向我描述了当他看到护士举起一个假阴茎型的超声波扫描探头，再套上安全套并抹上些许润滑剂后插入他妻子阴道时内心的恐惧。B 超并没有对他的妻子造成什么痛苦，但是对这一对夫妇来说，等待才是无止境的煎熬。然而仅仅几秒钟的时间，一个无法解释的图像就出现在了显示器上。没过多久，他们便意识到了那正是一个鲜活的且能继续成长下去的生命象征以及胎儿"怦怦"的心跳。屋里的所有人终于长出了一口气。这是对于为人父母所带来的焦虑的第一次窥探，也是一个真实而无法回避的提醒，即准爸爸们要做好和"阴道医疗部门"打交道的准备了。

·知而不言

在得知妻子怀孕的头几个星期里，向朋友和家人们隐瞒住这个令人兴奋的消息比我想象的要困难得多，这主要是因为我很难控制住自己上翘的嘴角。还有一连串事情的改变都与我妻子有关，就是她以前通常都会喝酒。我很快成了前往酒吧的独行侠，每次都偷偷要一些拥有酒精的效用但是不会对子宫内以惊人速度生长的细胞造成损害的"酒"，而伪装成金汤力鸡尾酒的苏打水完美地解决了这个问题。我的妻子拒绝了好几次聚会邀请，不过她认为朋友们可能已经猜到发生了什么。当外出就餐突然变成了一个挑战，妻子逐渐觉得这个秘密令她感到孤立无援。为什么突然开始拒绝山羊奶奶酪了？在寿司店里对于服务员抛出的一个个询问又该如何回答呢？

一般情况下，一对夫妻会等到第 12 周的 B 超检查结束后才对外宣布怀孕的消息，但你更应该选择适合自己的时间做出决定。另一位父亲告诉我，他觉得纠结是否告诉别人很没有意义。他和他的妻子很早就意识到，既然早期孕妇和胎儿情况随时可变，那么无论有没有情况发生，他们都应该告诉亲近的人以获得支持。所以为什么不从一开始就让周围的人参与进来呢？无论你选择走哪条路，深思熟虑后决定和谁来分享这份惊喜，还是当朋友和家人想知道为什么这几个月里你如此低调、是不是开启了什么疯狂的新生活方式时，你却打算秘密地同你的伴侣共渡难关，这些都是可行的选择。事实上，其他人完全可能盯上你问个没完没了，所以竭力否认似乎也是一个很好的应对措施。

• 她想要的 •

要"坚定、可靠、永不惊慌失措"——怀孕对于你们两个人来说都是一件惊喜与惊吓并存的事情。

不要"让你的妻子在妊娠测验阳性的最后一个月前于酒精和奶酪中挥霍时光，以至将来恐惧那些可能出现的风险"。

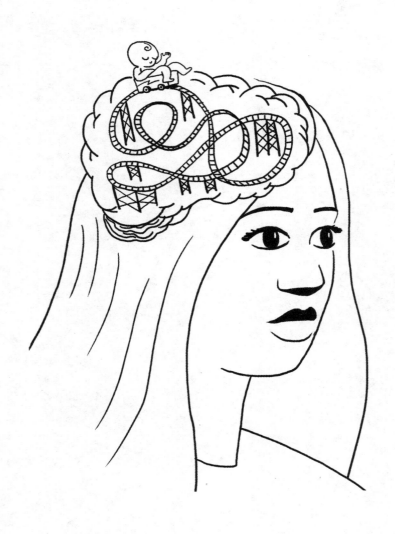

大脑

——那些心思、助产士和怀孕前 3 个月

医者之谈

　　当孕妇们步入至怀孕的前 3 个月阶段，孕期荷尔蒙开始在全身各处充盈壮大。而血液中雌激素和孕激素水平的激增往往会导致心情跌宕起伏和情感波动。大多数女性会注意到怀孕第 6 周到第 10 周之间这种变化所带来的心理影响，并常常讶异于那些情绪的涨落是多么夸张和无缘无故。好消息是，随着较为平和的孕中期的临近，反复无常的情绪通常会渐渐稳定下来。所以当你的伴侣出现情绪变化时，不要放任不管，默默地告诉自己这可能只是荷尔蒙及其对于大脑神经递质的影响导致了看似不理智的行为。谨记一个黄金法则——永远不要以安慰的名义责备她的"荷尔蒙状态"，这毫无疑问会让她不太开心。

　　当你的妻子荷尔蒙过山车似的循环往复时，你的宝宝也正在经历他整个孕期生长中最重要的时刻。你可能想知道什么时候医务人员才会参与进来，事实上如果怀孕的结果不是在医生眼皮子底下查出来的话，你应该主动在孕 6 周左右联系当地的产前或产科护理团队。所有的助产士单位和医院都会提供一套自荐系统——一般情况下，你完全能够自主地发出预约。你的妻子可能需要在线填写一份表格，而如若需要，医生会很高兴向你们伸出援助之手，为你们指明方向。无论是上述的哪种方式，这件事情已经提上你们的日程了——对于第一次怀孕的人来说，最少也要产前检查 10 次左右。第一次产检发生在孕 8 周到 10 周期间，被称为"预检"。如今"预约"这个词多半等同于请假，我们都知道这会带来什么结果——不高兴的老板、经理和同事——因此了解你和你妻子的权利是很有必要的。从怀孕的那一刻起——如果母亲是一名雇员，根据英国的法律，那么不论是全职还是兼职，她都有权享有"合理"的用于产前检查的带薪休假。这些假期可适用在产前护理的任何常规部分以及由助产士或医生建议、推荐的任何其他类型的检查。遗憾的是，爸爸们并没有得到和他们伴侣相同的待遇。他们有权请两次假去参加产前检查，但这段时间内是否能有工资将由他们的雇主决定。就像所有的员工福利一样，仔细查看你和你妻子雇佣合同中的孕期福利是很重要的，不要等事近眉睫才告知你的雇主这个消息。

·问无止境

预检是你和你的妻子见到即将参与到孕期关怀之中的专业医务人员——助产士和医生们的——第一次机会。这也是一个问清那些你们日思夜想的问题的理想时机，因为当你们绝望地试图避开山羊奶酪、生肉和充满怀疑的朋友家人之时，助产士们也有无休无止的询问等待着你们。这不是一个单方面的过程。产检的目的是为了查明怀孕过程中可能对母亲和婴儿产生影响的医学、心理乃至于社会问题。由此，你要确保妻子已经做好了谈论任何医疗状况、正在进行的药物治疗、过往怀孕流产与终止妊娠史和医疗小组需要得知的其他任何相关信息的准备。他们可能想要了解你们的家族病史（遗传性疾病）——她那一脉和你这一脉——然后询问传染病，比如艾滋病或肝炎。不要惊讶，这不是想要对你们进行评判，只是一些用来保证孩子平安降生的基本信息而已。一些夫妻常常想要知道他们是不是必须公开一切信息，或是他们能否对于之前终止妊娠一类的事情缄口不谈。然而，尽可能开诚布公地告知一切意味着你的妻子和宝宝能得到更悉心的照料。如果当你陪伴妻子产检时被要求离开，给予助产士和妻子单独谈话的空间，请不要生气。再强调一次，这只是一个正常的流程，让你的妻子得以谈论一些不方便在你面前说明的事情。也许这让人感觉很不愉快，很多准爸爸们认为这是一种负面的体验，特别是当他们觉得自己和妻子的关系已经足够知无不言的时候。顺其自然，让自己放宽心，这些都是流程的一部分，而不是警方审讯，任何人都不必感到恐慌。

　　除了医疗条件与药物治疗之外，医疗小组还想知道你的妻子目前或过去经历过的任何心理健康问题。怀孕是一件令人身心俱疲的事情，得益于医疗保健的专业人士，我们如今关心的

是准妈妈本身，而不仅仅是她隆起的肚子。抑郁和焦虑状况极
有可能在孕期发生恶化或被初次诊断，因此充分了解前情对于
医务人员而言至关重要，这样在发生任何情况时才能够及时提
供帮助。有的女性在怀孕和分娩时会产生严重的恐惧症，假如
你的妻子出现这种情况，要鼓励她尽早意识到这一点。当然，
一想到怀孕和生子，你和妻子都会产生一定程度的焦虑。这两
件事情——不管怎么样——并不像在公园散散步那么简单，所
以有些焦虑甚至感到害怕是完全正常的。恐惧和焦虑症状较为
严重的孕妇有可能患上一种名为分娩恐惧症的疾病，而 6% 到
10% 的女性正在忍受此病的影响。它可能是由以前创伤性分娩
的经历引起的，但也极有可能存在于第一次分娩的妈妈身上。
尽快地表露出这种担忧以获得医生的早期支持和生产规划，你
的妻子才能够心无旁骛地享受一段怀孕时光。

　　但无论你和妻子觉得怀孕这件事有多么轻松，当助产士问
完那些问题后，你们才得到了一个让自己在面对未来的问题时
不那么一头雾水的机会。从一个经验丰富的专业人士那里得到
解释总比自己去到某些充满谣言的网站上道听途说要好得多。
所以，在你咨询前最好准备一个清单，写上你想问的任何问题，
否则等到有机会开口的时候，你就不至于大脑一片空白，或是
因为手忙脚乱于伴侣的各种检查而感到抓狂，忘记自己原本想
要问些什么了。

　　另一方面，你们也会收到当地产前培训班的相关信息。那

里的项目要等到怀孕后期才会开展，但你们现在完全可以先弄清楚培训班会提供什么服务并提前预约，因为无论这些项目是由医院、诊所还是私人机构所经营的，它们都将是非常宝贵的知识来源。夫妻一起报名是一个相当棒的主意，当你读完这本书后，就已经赢在起跑线上了。

·何为测试

最开始的血液测试是无法避免的。因此，如果你的伴侣受到了惊吓，请握紧她的手以示安抚和鼓励；如果你是更有可能晕血的那一个，那么就将目光转向你的妻子，而不是针头和血样瓶。血液测试是为了检查贫血（缺铁引起的红细胞数量减少）、肾脏和肝脏功能、艾滋病和肝炎等传染病以及镰刀状红细胞病等遗传病，血型也同样会被识别出来。最后一点非常重要，原因有二：首先，如果你的妻子因分娩过程中出现大出血而急需输血，医院便需要知道应该给她输送哪种血型；其次，更为复杂的一点是，孕妇血液的"恒河猴状态"也需要被检测。这到底是怎么回事呢？跟紧了爸爸们，生物课这就来了。

我们身体里的大多数细胞的表面都会粘连有一种叫抗原的小标记，而附着有这些抗原的细胞可以被人体内其他细胞所识别，从而判断是"友军"还是"敌军"。有些人的红细胞携带D抗原，因而他们的"恒河猴"抗原检测呈D阳性；另一些人没有这种抗原，检测结果便呈D阴性。有没有D抗原完全是由基因决定的，我们无法改变这个结果。如果你的妻子红细胞是"恒河猴"D 阳性，那就没什么可担心的，生物课到此为止。然而，若是她的血液检测结果为"恒河猴"D 阴性，并且细胞表面没有携带 D 抗原，你就需要留下来继续补课了。接下来会发生什么，完全取决于你自己。如果你的红细胞携带 D 抗原，它可能已经通过基因传递给了婴儿。当一个"恒河猴"D 阴性的母亲怀着一个"恒河猴"D 阳性的孩子时，事情就变得复杂起来了。只要婴儿的血液在阵痛、分娩或怀孕期间的其他任何时间里接触到母体血液，母体的血液中便可能产生名为抗体的蛋白，以抵抗婴儿血液中不被识别的 D 抗原。这通常不会出现在第一次怀孕的过程中，然而这些抗体一旦产生，就会潜伏在母体的血液中，在未来某个时刻攻击并破坏婴儿的红细胞，导致潜在危险的贫血。所以，为了预防这种情况的发生，"恒河猴"抗原阴性的母亲必须在怀孕第 28 周以及孕期任何有可能出血的时间注射抗 D 抗体。一经生产，医院将检测新生儿的血液，若结果为"恒河猴"D 阳性，母亲还需要进一步注射抗 D 抗体，以防止后续妊娠出现问题。现在，如果你不是免疫系统方面的专家，很可能对这里所说的事情摸不着头脑。通常情况下，连我都必须反复阅读这些东西才能理解其中的含义——用上我的医学思维方式也是如此。所以，请你反复阅读这一段内容，直至抗体和"恒河猴"D 之间的战斗如同一整部科幻小说中描绘的那样，在你脑海中清晰地浮现。无法一次理解上述内容绝对不是什么可耻的事情。如果你还是有些不得要领，那么可以这样解释："恒河猴"阳性的妈妈没有危险；"恒河猴"阴性的妈妈需要注射抗 D 抗体，这样就可以使未降生的孩子免受血液病的侵害。

·未知前途

在预约的时候，你的妻子会收到一本产妇个人记录手册，在整个怀孕期间，医疗小组都会在上面记录医嘱——无论产妇去哪里检查，这个手册都会跟着转移。如果能得到她的允许，我建议你们一起仔细阅读一下其中的内容。这本手册包含了很多真正有用的信息，比如你周边地区可提供的服务、当地医院的工作流程以及怀孕相关事项的紧急联络电话。一定要把这个手册放在一个确定的位置，并让妻子在离家的时候随身携带。每次产检的时候都要用到里面的记录，但你也应该做好在妻子离家、工作或度假时突然需要帮助并急需手册的准备。当你们去了一家之前从未为你的妻子提供护理的诊所和医院时，这本手册对于医生和助产士们意义重大。更为关键的是，如果妻子选择在没有记录手册在手的情况下坚持赴诊，那么，助产士冷淡的脸色将是你们未来几年的心理阴影。我已经警告过你了！

手册中还会包含一个列出了未来相关 B 超和预约时间的护理表，你也会得到一些关于护理和期望分娩类型的选择建议（详见"阴道"章）。你的护理选择可能因地区的不同而有所差别，但通常需要在接下来的几个星期里接连拜访助产士和医生。假如你的妻子或者宝宝出现任何影响健康的并发症，你也可以预约专家顾问。对于较为简单的初孕来说，你的妻子多半只要进行 10 次左右的产检，如果需要更加密切的检测，那么这个次数还会更多；第二次怀孕则一般需要产检 7 次。第一次产检 B 超扫描在第 12 周左右进行，更深一步的"异常扫描"在第 20 周左右进行（详见"心脏"章和"生殖器"章）。其他的事项还包括对妈妈和宝宝的体格检查、血压监测、尿检以及胎儿在腹内成长过程中各项数据的测量和母亲对其的感知。但是你先不要感到害怕，等时机到后万事都将一目了然。

为父者说

事实证明，关于孕妇怀孕期间情绪会猛烈波动的传言是完全正确的。在妻子怀孕前我们相处的那 8 年里，她从来没有以任何方式，对我或其他任何人进行过实质上的攻击，所以，现在我分享这个故事只是出于公开透明的原则。当你读到这里的时候，我显然已经因为先前的不理解受到了惩罚——我和再一次成为父亲的机会之间就好像隔着一个绝育手术那么宽的距离。不过在妻子怀孕期间前 3 个月的一个晚上，情况发生了戏剧性的变化。最开始的导火索是我漫不经心的回应，等回过神来时我已经成了一个"陶器式"袭击的攻击目标。有人告诉我那个瓷碗不是冲着我扔过来的，而是我的身侧，但它确实和我当时所站的那块厨房地板发生了一次非常惊人的相撞。说来惭愧，我那时直接走了出去，这个反应实在是不像话，可我当时真的被那个碗给震住了。我们俩都哭了——让我先强调一下，在此之前（或之后）从未出现过这样的争吵。过了几分钟，我的大脑终于冷静了下来，回想起刚刚发生了什么。我意识到和我争吵的那个人不但是我的妻子，还是一位怀着孩子的孕妇，这让我重新振作了起来。等回到家中和妻子讨论谁应该负责网购新碗的时候，我们已经和好如初了。

令人欣慰的是，我们并不是唯一一对发生这种争吵的人，与我交谈过的一些其他夫妻告诉我，那些奇怪的陶器小碎片常常成为小争执或情绪崩溃事件中的受害者。一位女士表示，仅仅是因为家里的洗碗机没能清洗干净一只酒杯，她就在一种非常"不理智"的沮丧情绪的驱使下把那只酒杯扔到了附近的墙上；这很不寻常，还导致她不得不更换一只新杯子并重新粉刷墙壁。因此，不管是飞来飞去的碟子、尖锐刺人的话语还是汪洋热泪，如果你和你的伴侣在整个怀孕期间都没有发生过类似的故事，那将是非常了不起的事情。怀孕意味着紧绷——有时候压力真的很大——并伴随着自然界荷尔蒙时不时地骚扰。所以，无论发生什么事都要试着保持冷静，让往事随风吧。

对于大多数的夫妻来说，第一次产前预检是一个激动人心的时刻，它让一切都变得真实起来。但令我感到失望的是，很多父亲认为他们在这个过程中是多余的。的确，有时候你会被要求离开房间；我也知道，当这个重要的日子终于到来时，你不希望让任何事情脱离你的掌控。因而介入其中的点便是，你依然是你的伴侣的最佳支持者、拥护者和最终相互扶持的养育者。现代社会中思想开放的医务人员很赞赏这种夫妻共同参与的行为；事实上我们知道，做爸爸的那一方在妻子怀孕期间也同样经历着身体和荷尔蒙的变化，并导致荷尔蒙催产素水平激增，以至于大脑负责养育行为和解决问题的部分也会产生变化。所以，不要满足于像一个顽皮的学生一样在角落里罚坐，如果你想要加入其中，那就放手去做。幸运的是，大多数将婴儿迎接到这个世界的医务人员都热爱着和分娩有关的任何事情，当你提出一些明智且饱含关心的问题时，你就能在孕期会议中占有一席之地。

孕初期对我而言是个奇怪的阶段。就好像是要做出一个巨大的决定，比如辞掉工作、通知老板、然后不得不等到 3 个月的通知期满。我们已经下定决心要一个孩子，也圆满地完成了所有的规划工作，但事实上在最初的几个月里，除了"飞来"的陶器以外，并没有什么真正的改变，颇有一种虚张声势的意味。而在这一切的背后，是我内心深处隐隐的担忧，担心有什么事情可能会被搞砸。我曾悲痛地向很多夫妇宣布过流产的消息，却依然对于自己孩子的命运感到无能为力。唯一能够做的，便是将情感寄托于希望之中，期盼着在接下来痛苦而漫长的几周里万事顺利。

· 她想要的 ·

　　要在怀孕的前 3 个月和告知你怀孕消息的那个人积极讨论。

　　不要期望你的妻子能熬到很晚并始终精力充沛，怀孕的前 3 个月很难。

乳房

——好的、坏的，还有孕期的变化

医者之谈

现在一切都开始变化、发展和成长——无论是外表还是内在。怀孕的前 3 个月便是于最短时间内发生最大变化的一个阶段，因此，在最初的几个月里给予伴侣无微不至的关怀尤为重要。从一位具有生育能力的女性转变为新孕妈妈的代价是身心上的损害，这是你目前已经知道的事情。虽然心理变化通常是父亲们间的热点话题，但多亏了这些看似毫无意义的争论。女性们发现怀孕后身体上的负担比以前更重了，同时也极有可能对她们的心理健康产生严重的负影响。

· **"疲疾之地"**

有的时候怀孕的第一个征兆是"晨吐"引起的恶心和呕吐。这并不是妊娠反应的一个标志性特征，因为尽管它多半发生在早晨，但发生在一天中的其他任何时间里都是有可能的。然而对于许多女性来说，它的现身并不局限于太阳开始升起时那反胃的几小时。想象一下，几乎每一个深夜都在宿醉后毫无征兆的恶心感中徘徊，你就一定会明白这种感觉有多么不舒服了。

　　尽管我们的老朋友经常地怪罪人绒毛膜促性腺激素（HCG）和雌激素，但没有人能肯定地说出导致孕吐的真正原因是什么。有一种理论认为孕吐是由于胃和肠道的肌肉松弛引起的，孕激素水平的升高是所有痛苦的根源，但是这个说法并没有定论。这是一种极其普遍的孕期症状，通常在怀孕9周后（如果月经没有提前的话）发作，但好消息是，对于90%左右的女性来说，这位不速之客在怀孕16周前（同样，如果月经没有提前的话）就会不辞而别，当然会有一部分不幸的女性在这之后继续遭受孕吐的折磨。我们无法预料这些令人难受的呕吐物会降临到谁的头上，但如果你的伴侣是初次怀孕，或是有晕车、偏头痛、肥胖的情况和严重孕吐的家族史，那么她出现孕吐的概率会更高。这种症状在怀有双胞胎或多胎妊娠的女性中也更为多发，在某种程度上也为高荷尔蒙水平引起孕吐的观点提供了论证。

　　值得安慰的是，对于大多数孕妇而言，孕吐带来的恶心和呕吐不会对腹中的婴儿造成任何伤害；另一方面，时间是治愈孕吐症状的唯一良药。它被列入绝大部分女性的"怀孕不愉快"清单，但是一旦熬过了怀孕前3个月，这些痛苦很快便会被抛诸脑后了。不过还是有一些可以帮助缓解症状的小窍门，并且相当有效：比如少吃、规律饮食、隔绝所有可能让自己反胃或是想要跑到最近的卫生间倒空刚填满的胃的食物或气味。睡醒时吃点儿零食真的会有绝妙效果——你可以在床头柜上放一包普通的薄脆饼干，以便你的伴侣早晨起床时满足食欲。一些孕妇们反映，如果她们在一天中很晚的时候才吃东西，孕吐症状会更加严重。由此可见，早点吃些简餐确实能起到很大的阻碍作用。还有些人则认为姜对于缓解不适有益，无论是吃姜制饼干，还是把它压成汁，甚至闻一下刚切好的姜根都能有效果。同样，这样做并没有太多科学依据，但是当急切需要的时候，任何事情都值得一试——而试一试总是没有坏处的。有的孕妇坚信针灸疗法，但是对某些人这个方法可能没用。如果所有的传统治疗方法都无能为力，那么只能让你的伴侣去看医生了，医生可以开一些安全的孕期抗病药物，它们能让一切变得好受一些。当然不要忘记那些没有孕吐反应的幸运儿们——这种情况是完全正常的，不要对怀孕的进程产生压力——孕妇们只要数数自己的幸运星就好了。

还有的女性患有非常严重的妊娠剧吐症状（Hyperemesis Gravidarum），这是一种希腊语和拉丁语的混合语，字面意思就是"孕妇过度呕吐"，和许多罐装食物上标明的是同一件事。由于严重的呕吐反应，她们不能食用任何食物或饮料，以免发生脱水和饥饿的情况。而人体一旦没有足够的食物来被分解并转化为能量，便会开始分解身体的脂肪和能量，同时在尿液中产生一种可通过尿液试纸检测的酮类物质。如果你的妻子正在遭受剧烈呕吐的折磨，她应该去找专业的医务人员进行评估，看一看是否出现了妊娠剧吐的迹象。如果确实是这样，那么，她可能需要住院进行静脉输液并开具一些强效抗病药物来补充水分。

你也有感到恶心的情况吗，孩子的爸爸？当然了，你不是唯一的那个。一部分男性也曾表示自己出现了孕期的相关症状，而这种现象被称为"拟娩症候群"。大部分人对此知之甚少，仅能根据一些男性的描述得知这类病症的症状包括：恶心、情绪不稳和胃胀。专家们对其背后的根源争论不休，许多人认为这是准爸爸们正在经历的心理变化的结果。因此当你感觉身体有类似不适的时候，或许是产生了"孕期共情"也说不定。

然而，无论恶心反胃症状是否发作，消化不良和胃酸倒流都有可能出现在怀孕期间的"磨人清单"上。类似于放松括约肌一类的方法可以阻止胃酸从胃中反流入食管（也称食道），但同时也会导致可怕的胃灼热①，所以要让你的妻子尽早地服用抗酸剂，并劝告她忌用任何可能引发病症的辛辣或酸性食物。部分抗酸剂的原理是在胃液汹涌的上方形成一个保护层，防止胃酸刺激上面的食道壁。如果这样依然不足以抑制打嗝和灼烧感，请试着服用能够减少胃酸产生的药物，你可以在药店里买到它们。

---

① 胃灼热，是一种胸骨后烧灼感，通常位于剑突至胸骨柄之间，有时会放射至颈部，较少放射至手臂，还可出现液体反流。

· "身"行一步

从胃部出发，沿着胃向上侧方蔓延的轨迹，我们最终到达了乳房的位置。在怀孕期间，乳房开始发生变化的时间点远远早于你们的预料，因为荷尔蒙早已整装待发，等到宝宝出生，导管和腺体构成的错综复杂的脉络会成为一个梦幻般的自助餐台。对于新手父母来说，这大概是他们第一次真正意识到乳房带来的实惠妙处。也许有些人会感受乳头变大、乳晕颜色变深以及胸部不断膨胀的过程，但也有另一些人会因为偶尔的分泌物或漏出的乳汁而感到紧张焦躁，因为这让做母亲的她们觉得自己就像一台可以汩汩流出牛奶的待机机器。你会因为妻子罩杯突然增大而激动——如果你喜欢的话——但很遗憾，这很难得到她的认同。在怀孕的前3个月，乳房通常是非常柔软的，但你唯一的行动"要求"恐怕就只是陪你的妻子去找一个更大且支撑力强的胸罩了。一定要万事小心。

你们可能早已注意到了胸部的另一个变化，那便是上面凸显的纤细蓝色网状线条，尤其是对于白肤体瘦的女性则更为明显。蓝色静脉网的产生是一种正常现象，就仿佛是高速移动的蜘蛛在你的伴侣胸口编织而成。这是因为在怀孕期间，为了给身体提供所需的营养，孕妇的血量和血流量均会增加，外在则表现为乳房周围或身体其他部位，也出现这些神秘蓝色细线。这些所谓的"蜘蛛静脉"，纤细、丝丝络络、蓝紫色的血管，

48

可能会浮现在腿部或腹部。这确实不是什么漂亮的附加品，但也无法规避它们的产生。

血量的增加，以及不断变大的子宫所施加的压力，迫使血液从腿部血管回流至心脏静脉速度减缓，并进一步导致了静脉曲张。这些凸起的、时而丑陋的腿部静脉是怀孕的又一个美感危害之源，这在那些每天需要长时间站立的人身上则更为常见——厨师、外科医生和女警等——她们很难提防这个的发生。如果让你的妻子经常锻炼以促进血液流通，并在坐或躺的时候抬起她的脚，那么腿部血液的回流情况将得到极大改善，从而将静脉曲张的风险降至最低。大多数静脉曲张会在怀孕结束后出现缓解，但是对于那些迟迟不消的部分，做手术切除是一个办法，术后效果也有很大保障——尽管在产后几个月就进行手术并不是明智的想法。

当我们检查孕妇的腿时，不要忘记怀孕会增加罹患腿部血栓的风险，即深静脉血栓形成（DVT）。这是因为在怀孕期间，荷尔蒙的变化会使血液变得黏稠、更容易凝结，所以丈夫要更加注意孕妇是否出现肿胀、疼痛、腿肚或大腿红肿的症状，这有可能是血液凝块潜伏的一个信号。因为乘坐长途汽车或飞机而活动不足和脱水都是风险提高的因素。如果你们夫妻想要一起乘坐飞机环游世界，或者因为别的原因需要连续几个小时坐着不动弹，我劝你要时不时地休息一下，四处走走，或进行一些航空公司刊登在飞行杂志上的那些运动。比起形成致命的血栓，踮起脚尖站立或是扭动脚踝起舞等不那么"旅客"的别致动作所带来的尴尬实在算不了什么。

下面的情况也在同步改变。是的，这里写的"下面"指的是阴道。在怀孕期间，阴道产生的分泌物通常会显著增多。而奇怪的是，大概是孕吐和消化不良太过让人难受，很少有女性谈论她们关于阴道分泌物巨大变化的感想，因此这个事实往往会让她们和她们的丈夫大吃一惊。有时候由于阴道里的分泌物过多，孕妇甚至需要在身下放一片垫子。你可能还会注意到那些分泌物的味道发生了改变，如果再和乳房渗漏出的液体混合在一起，卧室里便能嗅出一股"新奇"的气味。当然，所有的一切都会在产后恢复到常态，对于你接下来的几个月要习惯的其他体液而言，这些都只不过是小儿科罢了。尽力体谅并帮助你的伴侣——只要理解并视之为常，而非任何恶心的事情，你的看法必将大大改观。

·胎儿之变

假如能看到子宫深处发生的巨大变化，你一定会大吃一惊。自精卵结合，受精卵逐步发育成为胚胎，并在子宫壁上着床开始，细胞就以极快的速度分裂。你不需要成为一个胚胎学家，但也应该对于接下来的事情有一个基本的了解。在发育的初期，胚胎形成了三层式结构：外层（外胚层）、中层（中胚层）和内层（内胚层）。外层继续形成"神经管"，这也是大脑、脊髓和神经的发源地——借助孕妇每天都在努力服用的叶酸补充剂成长。中层化为婴儿的骨骼和肌肉——包括最重要的心脏。内层则构成了人体柔软湿润的内脏器官，如肺、肠道和尿道。一个工程学上的奇迹就此产生，可是躺在旁边枕头上满心欢喜的你却无法见证。

到了第5周，一些"小芽"开始萌生，最终将发育成胳膊和腿。与此同时，心脏生长分隔为多个小室，然后在孕6周左右，它开始跳动。胎儿的面部特征逐渐显现——几个黑点在眼睛、嘴巴和鼻孔的位置形成、搭构——但此时依然不能完全分辨出婴儿的长相。因此，对于那些禁不住早期B超诱惑的人，请记住，在孕第6周到第8周之前基本看不出什么，而一旦度过这个时间点，你才有可能看到胎儿正在搏动的幼小心脏。

为父者说

作为一个十分厌恶恶心感的人，一想到孕吐和日夜宿醉的感觉相似，还要持续数月之久，由衷的恐惧就充斥了我的内心。在女性看来，以这样的方式开始她的怀孕之旅是如此别扭而令人不快，但是当有一天，一位达到育龄的女士来到我的诊所抱怨说她感到恶心时，我的脑中第一时间就会闪现出"是否怀孕"这个诊断结果。作为医生却把婴儿引起的症状怪罪在病人的晚饭咖喱上面总是有些尴尬，哪怕宝贝（baby）和煲焙[①]听起来是有点像。我的妻子在怀孕头12周里感到非常不舒服，但幸运的是她只在一些特殊的情况下才会吐。怀孕10周以后，我们邀请一大群好友参加了婚礼。然而当呕吐出现的时候，试图守住怀孕的秘密一下子变得困难起来，至少比默默品尝我妻子的香槟酒难多了。更糟糕的是，她本来计划要在婚礼上唱歌的。

"不，我没有宿醉；不，也不是神经过敏。"她告诉朋友们。

"那么难道你……这是食物中毒了？"

果然不出所料。我们的卧室里很快就堆满了剩下的饼干和吃了一半的零食。它们在半夜某些奇怪的时间被风卷残云般地消灭干净，看上去就像是来过了一群失控的孩子，他们在这里做客，彻夜大快朵颐佳肴盛宴。但事实上，妻子只要在睡醒后立即食用少许食物就可以缓解恶心的症状。而在其他爸爸们的亲身感悟里，妻子日夜呕吐的现象并不是什么新鲜事。但可悲的是，许多女性反映说，她们的上司常常缺乏对此事的同情心。我在急诊室值班的每一周里都至少有一名孕妇被诊断患有妊娠剧吐。一位陪同妻子的准爸爸承认，自从有一次彻夜不归后因

---

① 原文为 Balti，是藏缅语，文义应指巴尔蒂咖喱，作者用意为宝宝的 baby 和该词一起玩了一个语言游戏。

为出现类似的症状住院，他就再也没来过这个科室。当这位准爸爸听说妻子如此难受的时候，不由得悲痛欲绝，哪怕这并不是他的错。所幸，多亏了抗呕吐药物和奇妙的静脉输液，妈妈们通常可以得到好转，因此，一旦妻子的呕吐症状已经超出了掌控范围，医生要记得伸出援手。

仔细观察办公室里的摆设，你可能会窥视到某位女同事桌子上放着的一大瓶抗酸药物，而这也暴露了她未宣之于口的怀孕秘密。一些特定的食物常常会加重孕妇反流或消化不良此类的症状，尤其是酸性物质含量较高的那些食物。

红辣椒是孕妇们的一大宿敌，我的同事在它的作用下连连碰壁，只好大口吞服自己买的抗酸药剂来缓解反胃感。你最好祈祷因为怀孕产生的某种渴求和致使你呕吐的诱因不是同一个。我原本以为我的妻子对于各种各样巧克力棒的爱好会日益高涨，或是开始垂涎一些她从未尝试过的昂贵鱼子酱。然而对她来说，厌恶感远比那种渴望要强烈得多。有将近3个月的时间，我深爱着的妻子竟难以靠近巧克力半步，哪怕她以前比我更爱那些东西。在一个周末，我和我的妻子正在懒洋洋地和几位朋友打趣说笑。我提前买了一只现成的烤鸡，准备用来招待他们。接下来请你想象如下的场景，就会明白我有多么震惊了：我一走进厨房，就发现已经四年没有吃过肉食的妻子正在狼吞虎咽吃那只烤鸡！她直接用手把肉连带着骨头撕扯下来塞进嘴里，活像是一头饥饿的母狮子成功地消灭了猎物。那次之后她没再吃过一丁点儿肉，但是由此事我们可以看出，当有人告诉你这种怀孕时突如其来的渴望是可以被抑制时，千万不要把它当真了。

令我惊讶的是，早在怀孕初期，身体上的变化就开始显现了。乳房是第一个鼓胀起来的，那滋味也绝对没有你想象的那么好。事实上，它们变得如此敏感，以至于连续好几个星期我和妻子都无法正常拥抱，我也常常因为不经意间触碰到了发育中的管道——那些输送母乳的导管——而受到妻子的责备。于是，当人们在争论俯卧撑和蕾丝镂空胸罩对于胸部的保护效果孰好孰坏时，我只能像头一次逛女式内衣店的新手一样，充满爱意地站在妻子的旁边。当然收获总是有的，一款舒适的、支撑性极佳的新胸罩（不要内置钢圈）让一切重获新生——其中运动内衣位居榜首。如果你比我更了解内衣的尺寸，这或许是一个相当理想的孕初期礼物。不过值得欣喜的是，随着时间的推移，乳房的压痛感会渐渐消失，直至婴儿出生后母乳开始分泌，我们才可能重新回到这里——这一次是网上的商店。

• 她想要的 •

要预料到妻子情绪的变化，并对它持有宽容的态度。

要保证充足的饼干供应，以应对清早起床的妻子不适。

不要试图压迫妻子日益成熟的乳房，它们敏感脆弱，那样做会让她觉得真的很痛！

不要告诉你的妻子她变得比以前胖，或是体型臃肿，哪怕的确是那样！

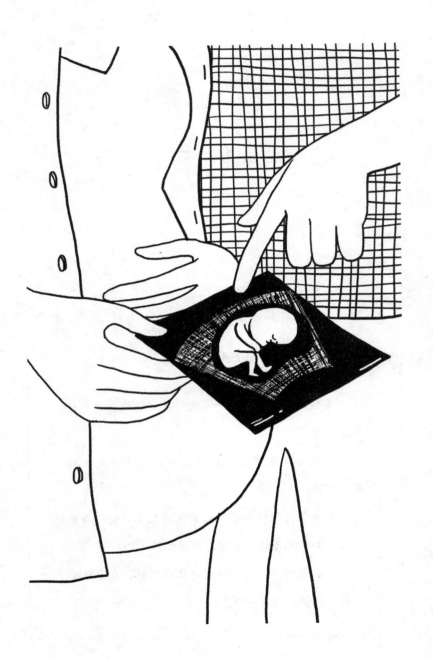

心 脏

—— 第一次扫描时的急速搏动

医者之谈

　　有的夫妻就是迫不及待地想要见他们的孩子第一面，以至于经常有人来问我是否应该在第 12 周左右的标准会诊扫描（即 B 型超声波检查）前进行一次"早查"。如果你的伴侣在怀孕期间患有任何并发症状，例如出血或腹痛，那么大概率是因为你提前偷看了还在成长发育中的"小东西"。部分诊所会在孕 12 周前提供扫描服务，但是假如你真的在考虑去试一试，可不要忘记这几点相当重要的事先提醒。首先，怀孕 6 周以前扫描实在是太早了，检查出的结果多半会让你大失所望，因为即便母亲腹内的一切情况都好，你也很可能听不到胎儿心脏的跳动。其次，虽然在怀孕 12 周后孕妇流产的风险会大大降低，但要是在这之前没有得到预想中的检查结果，情绪上的负担会因此增加。当然，若是忍耐实在不是你的强项——那就去扫描吧。

　　如果怀孕的进展正常，并且你也压制住了在孕早期查看宝宝的诱惑，那么便到了你第一次真正看到胎儿的时候了——至少是透过电脑屏幕——这就是所谓第 12 周的"产检扫描"。对于那些为了奔赴产前预检而不断压缩节假日的人来说，这绝对是"不可错过"清单上最为重要的一项。超声波领域的专家或医生会用声谱仪上的一个超声探头扫描你妻子的子宫，假如不出意外，那么你将第一次看到宝宝。这种扫描通常是在腹部进行，而非使用需要检查人员施加大量润滑液和坚实推力的阴道探针，一般要花上 15 到 30 分钟，对于妈妈们可不是什么愉快的体验。提前饮用足量的水使膀胱变得饱满可以让扫描结果更加清晰易见。但是设想一下，当你憋得难受时还有人在按压你的肚子——这可不太容易会忍住。因此，不要让你的妻子过度饮水，否则整个产检过程都会非常不舒服。

·欲知结果

用不了多长时间，你就能第一次在屏幕上看到宝宝的黑白照片了。但你可以放心，并没有证据表明超声波扫描会对婴儿造成损害，也不会导致任何公认的并发症或是增加流产的风险。不过，这的确需要一些耐心。有时候扫描探头需要几分钟才能完全聚焦，所以，如果你没有看到早已在网上眼熟了的那类图片，请不要惊慌。经过一段在你看来几乎是永恒的等待后，声谱仪操作员会将心脏部位放大，以便你初闻宝宝的心跳。这种声音听起来像是介于跳动的心脏和外星通信之间，而作为一个微小的重要器官，心脏正在以每分钟 160 次的速度跳动。哪怕你现在处于极度神经兴奋的时刻，这个速度依然要比你的心率快得多。一个孩子的心率大约从 12 岁开始才会逐渐减慢至成人的正常速度。

在扫描的过程中，会进行一些非常重要的检查。其中，婴儿的身高是从头部到臀部计算的，称为头臀长（crown-to-rump length），简称CRL。这个长度展示出了一个更为准确的胎龄数据，从而让操作员得以更新你几周前花了大量时间估计的分娩日期。接下来医生会简要地观察一下婴儿的肢体及器官、头骨和大脑、四肢手脚以及胃、肠道和膀胱等器官。

还有一个看似随意实则非常重要的项目是测量婴儿颈后透明层厚度，也就是俗称的"颈部厚度"。出现颈后积液虽然是正常现象，但也可能是患遗传性疾病的征兆，比如唐氏综合征。更多关于基因筛选的内容会在"基因"章展开，不过仅用颈部厚度的测量结果结合血液测试便可以给出各种遗传病的风险评估了。

除了胎儿，操作员还会检查胎盘在子宫上的位置。通常情况下胎盘附着在子宫的一侧，远离婴儿进入阴道分娩前的出口，也就是宫颈。有的孕妇胎盘位置很低，临近宫颈，以至于会影响到分娩过程，这就是所谓的前置胎盘。幸运的是，随着子宫的生长，胎盘经常会向上方移动，不过，一旦你的医疗团队认为胎盘位置可能会阻塞宫颈，他们也会密切关注的。

但是有一个关键信息你是没有办法从这次扫描中得知的，那就是孩子的性别。哪怕你非常想知道有关孩子性别的消息，但现在还为时过早。当然，孩子的性别早在你将性染色体遗传给它时就已经被定下了，但是在当下，男孩与女孩的秘密还在延续，所以不要期待任何"剧透"。也有在你意料之外的惊喜，那就是检查这天你可能会发现自己就要成为双胞胎甚至是三胞胎的父亲了。多胎妊娠需要更为密切地检测，不过，你的医务团队会处理好的。唯一值得关注的就是这次扫描也许会发现不止一个胎儿正在子宫内孕育着。

当所有的项目都已经测量完毕，新估出的预产期（EDD）你也已经牢记在心，就到了处理那些重要照片的时候了。如果你想要一个扫描结果的图片副本，大部分机构都会乐意为你提供。

对于你和你的妻子而言，第一次在屏幕上看到宝宝的感受可谓是五味杂陈。放松、高兴、紧张焦虑或是突然意识到这件事情是如此的真实。再过几个月，一个婴儿就要出生了。喜极而泣是很正常的反应，在很多人看来，当他们看见一切安好并听到婴儿的心跳声时，着实感到如释重负，所以你需要提前准备好纸巾。扫描过程中偶尔也会出现异常，你的妻子可能需要到胎儿方面的医学专家那里做进一步的检查或扫描。

非常遗憾的是第12周的心脏扫描给一些父母带来了坏消息，因为他们被告知没有发现婴儿的心跳。在怀孕阶段，这种情况的出现可能是无迹可寻的，因此被称为"无声流产"。流产的坏消息无可避免地会给父母带来相当大的打击，如果直到现在你们还不愿面对这个问题，那么接受事实的过程无疑会极其艰难。给你们自己留出一点时间和医务团队讨论一下，因为对于如何以最好的方式平息流产带来的伤害这个问题上，还有更多的困难决定需要你们去解决。有些母亲选择等待，让一切都顺其自然，而另一些则是被人建议或是更喜欢使用药物或手术进行流产。

·天机泄露

万事顺利，你现在恨不得挥舞着黑白声谱仪印出的图片向全世界揭示这个保守了几个月的秘密。许多夫妻等到产检扫描之后，才宣布怀孕的消息。因为一份正常的扫描结果加上怀孕中期显著降低的流产风险是一个强力的定心丸。所以，无论你是计划在社交媒体上公布这件事，还是给亲朋好友发送喜帖，甚至是录制一段趣味公告短片，现在正是你们展现创造力的时刻。可还是要留一个心眼，你身边的朋友可能刚刚经历了流产或迟迟不孕的痛苦。这并非是让你放弃庆祝，但有些夫妻确实会因此感到命途多舛。

除了终于能够分享这个消息的轻松之情外，怀孕前3个月的结束和下一个3个月的开始往往会给你的妻子带来一种全身心的改善。孕妇的孕吐症状通常开始缓解，情绪的剧烈变化也随之减少。许多女性将怀孕中期描述为怀孕的最理想阶段，此时怀孕初期的不适症状已经过去，肚子里怀着的逐渐长大的小人儿还没有真正地对母亲身体造成压迫。

·新的症状

虽然许多症状都在减轻，但无法避免的是，它们将被一些新的症状所取代。母亲乳房依然在长大，荷尔蒙在血液中盘旋，如今肠道和膀胱也参与进来了。很多孕妇在怀孕期间被便秘所困扰，这是因为一种叫黄体酮的荷尔蒙会使肠道放松，所以，排泄物不会像通常情况下那么迅速地排出；再加上子宫负荷过重，孕妇骨盆区域的压力不断增加，可能会导致排泄物在肠道堵塞。食用高纤维食物对缓解便秘有很大帮助，像全麦谷物、糙米以及大量的水果和蔬菜均在此列。保持充足的水分摄入对维持肠道运动至关重要，因此，每天至少要摄入 2 升的水分。有规律的锻炼也有助于肠胃运动畅通。

肠道肌肉过于用力扩张可能会导致你的伴侣患上痔疮。这些细小的血管一般出现在肛门周围，在怀孕期间逐步长大。痔疮会带来瘙痒感，有时候会疼痛出血，导致在擦拭后的厕纸上或者马桶里留下鲜红的血液。如果出现了上述情况，首先要确定血液是否来自肛门而非阴道，然后就可以稍微松一口气了。痔疮是非常常见的病症，可以很容易地用非处方药膏治愈。这类药物在孕期也可以使用，症状也很快能得到控制，尽管过程上有些烦琐和别扭。如果出血无法止住或是痔疮变得疼痛难忍，那么，最好让你的妻子去专业的医疗保健人士那里检查一下。

你的妻子是不是经常小便？这没什么好惊讶的。忠实的孕激素增加了孕妇的血流量，同时也增加了流向肾脏的血液。当肾脏发挥其重要的过滤功能时，就会产生大量的尿液。我们都知道这意味着什么——在最不方便的时候急需小解以及不停地起夜上厕所。这种感觉和喝了几品脱啤酒差不多，但来自子宫发育和婴儿挤压膀胱的压力会让你的妻子雪上加霜。孕妇骨盆部位——主要负责保护子宫、膀胱和肠道——不断增加的重量会导致支撑骨盆底部的肌肉乏力。假如你不清楚这些肌肉在哪里，试着做做下面这个小实验。下次你小便的时候，尝试着突然停下来。这就是了，你紧绷后阻碍尿液继续流出的就是盆底肌肉。它们会因为怀孕的压力以及几个月后婴儿通过产道的缘故松弛，所以，现在正是鼓励你的妻子开始盆底肌肉锻炼的最好时机。定期活动这些肌肉，就如同锻炼其他部位的肌肉一样会增加它们的力量，降低产后失禁的风险。挤压肌肉，使用"止住尿液"的技巧都是有所帮助的，也有很多不同的 App 程序能够提醒孕妇什么时候可以开始了。事实上，你为什么不一起加入锻炼的行列中呢？盆底肌肉锻炼可以降低男性早泄的可能——这可是双赢的事。

　　既然你们都已经开始锻炼盆底肌肉了，你的妻子可能也想知道在怀孕期间还有什么其他合适的锻炼方式。保持身体健康既有助于分娩，又能让你的妻子在产后更容易地恢复体形。适当的锻炼对胎儿没有危险，你的妻子还可以延续她在怀孕期进行的任何运动。她也许很快就会感到疲惫，这时候应该听从她身体的想法，避免过度劳累，可以以锻炼时依然能够保持交谈作为判断标准。如果她在怀孕前并不怎么爱活动，那就不能突然开始剧烈运动，而是应该做一些铺垫——即便只是步行去商店也是一个改变。孕妇腹部还在不断变大的时候，游泳、孕期瑜伽和普拉提都是非常棒的运动选择，因为它们对于增长核心肌肉力量和保持身体健康有极大帮助。显然那些可能对胎儿造成损伤的运动是应该避免的，尤其是那些可能会撞击到胎儿的类型，例如橄榄球、跆拳道和武术。你的妻子也不应该潜水，因为这或许会导致未出世的孩子患上减压症 ①。并且，如果你们想去高海拔地区旅游，那么一定要去听取专业人士的建议。想一想你在扫描中看到的那小小的一团黑白色胎儿图片吧——和你的妻子一起保护好它。用不了多长时间孩子就会出生，很快你的妻子就能回到那些曾经因为胎儿保育而一去不复返的、充满着定点跳伞、橄榄球和空手道的日子里了。

---

① 减压症：泛指人体因周遭环境压力急速降低时造成的疾病，属于潜水危害及气压病的一种。

为父者说

作为夫妻，可以说我们两个人都很没有耐心。我迫不及待地想看看妻子的肚子里发生了什么，想要看到我们的宝宝第一眼。妻子那时正好在一些非常亲密的朋友结婚的期间怀孕了，为了避免回答充满怀疑的问题，也为了不在别人的大好日子里抢风头，我们最终决定在原先预定的第12周产检扫描之前，告知几个最亲近的人怀孕的秘密。于是在宣布这个消息前我和妻子预约了一次扫描，当地的一家私人诊所正好为早期扫描提供折扣。在妻子怀孕8周左右的一个晚上，我们出发了，期待着能第一次看到子宫中活动的生命迹象。我表现得十分谨慎，不知道这是不是因为我曾在孕初期评估中心度过了好几个小时，亲眼看着一对对夫妇听闻流产的噩耗——如果真是这样，我只能把焦虑归咎于医生这个身份——或许无论怎样，我都会有这种感觉。那天早些的时候，我给妻子发了条短信，打了一个"今晚可能会收到坏消息"的预防针。现在想想，当初我是多么令人扫兴啊！

诊所接待处里紧张的等待很快就演变成了一出情景喜剧。

扫描结束后，女士们兴奋地尖叫着涌出来；准奶奶们正在激烈地争论用 5 英镑给她们未来孙子买到的一张 DVD 是不是个廉价货；一位被这个便宜价格压得抬不起头的父亲看起来很生气，因为他刚刚花了 25 英镑买了一只可以按需播放胎儿心跳声的泰迪熊。我因为声谱仪操作员说他们找不到胎儿心跳而产生的强烈恐惧着实剥夺了这段经历给我带来的乐趣。当闪烁的、跳动的、呼呼的心跳在屏幕上闪现时，我只是感到了由衷的解脱，而非单纯的喜悦。当然我也非常兴奋，因为或许妻子能怀上一对双胞胎，虽然这次扫描的时候声谱仪操作员只发现了一个新丁正在肚子里安全地生长。大多数的父亲在第一次扫描前都会有些焦虑，但是我想，就像我的妻子一样，我只会把自己那些不必要的悲观情绪归因于所受的医学培训。如果可能的话，建议你试着掌握焦虑和初窥胎儿的快乐两者之间的平衡，并努力比我做得更好。

等到原定的第 12 周产检扫描到来之时，我已经放松多了。看看作为一对夫妻的我们，究竟创造出了怎样一个生命——完全是黑白的，毫不夸张——在你面前的屏幕上展现的简直就是奇迹本身。我的妻子在怀孕前 3 个月里一直在和呕吐、疲惫以及衣柜里的弹性修身牛仔裤作斗争，直到坐在屏幕前凝视着未来的孩子，我才真正意识到摆在眼前的事实是什么。我一下子对往日让我深深着迷的测量和科学失去了所有兴趣。现在我的思绪都在别处——想着尿布、财务情况和被剥夺的睡眠。我想知道：

"他会结婚吗？"

"他会长成什么模样？"

"如果他在学校里被别人欺负了怎么办？"

"他开口说的第一个单词会是什么？"

就在那一刻，我真正地从一位医生变成了准爸爸。

• 她想要的 •

要通过检查交流你的妻子即将需要面对的一切和你们所共同经受的任何焦虑。

不要在你的妻子还未准备好时急于在社交网络或其他地方公布消息。请跟随她的脚步。

基因

——筛选的科学性

医者之谈

　　我们身体里的每一个细胞，除了男性的精子和女性的卵子，都包含着特定的 DNA，这些 DNA 被打包成 23 对基因组，也就是 23 对染色体—— 一共是 46 个。每个精子或卵子都各自包含一半的"染色体组"，或者说只包含了 23 条各不相同的染色体。在受孕的过程中，妈妈的 23 条染色体与爸爸的 23 条染色体相遇，这个新生的 DNA 结晶就变成了我们一直在说的由一半父亲和一半母亲组成的胎儿。用历史的眼光看，当一位女性不能生育小孩时，她就会陷入麻烦——想想亨利八世和他那些被诬陷的妻子们吧。我们现在知道，23 对染色体中有一对特别的染色体，就是我们常说的"性染色体"，是它决定了婴儿的性别。如果一个 X 染色体和一个 Y 染色体配对，会得到一个男胎；而当两个 X 染色体配对时，便会得到一个女胎。由于实际上是 Y 染色体使婴儿成为男性，而女方不携带这种染色体，因此，男方有 50% 的概率生育男性后代。就个人而言，哪怕我生活在亨利七世统治时期，并且拥有这方面的知识，我也不愿意把这件事情告诉他——毕竟他不是个"善茬"。

所以你可能在想，这些染色体是如何出现在我们的造人故事之中的呢？有越来越多的夫妇等到晚年才要孩子，很多人担心大龄生子可能会产生风险。值得一提的是，尽管对于 35 岁以上生育的女性而言这种风险是存在的，但相对较小，通常也远远不及为人父母带来的巨大益处。在我们更详细地研究个中原委时，记住这一点相当重要。如果你心里正在嘀咕：我妻子还没到 35 岁，我也没有，请不要急着翻到下一章。无论你的伴侣年龄多大，她都要接受常见遗传性疾病的筛查测试，所以对你们自己的情况有所了解是至关重要的。

女性生来就储备了一生中所有的卵子，但随着时间的推移，她们的卵子储备会不断减少，到了更年期最终耗尽。35 岁以上的女性将承担更高的生育和流产风险。另一方面，每个男性开始产生精子的时间较晚，并且直到老年都将如此。而当女性年龄逐渐增长时，每月她们也更有可能排出一个以上的卵子，因此，她们有更高的概率怀上双胞胎或三胞胎。

现在回到我们的朋友染色体这里。当女性的年龄变大，染色体受损伤的风险也越来越大，而这可能会导致婴儿患有基因（遗传性）疾病。迄今已有成千上万种不同的——以及成千上万种尚未被命名的——遗传性疾病，但是我们在这里只提及大名鼎鼎的那些。另外，如果你知道你或者你的家庭成员携带某种致病基因或者患有某种特殊疾病，一定要尽早和你的医务团队讨论这个问题。

一类常见的基因突变源于一条不请自来的染色体加入至正常的 23 对染色体之中——这便是三体性。唐氏综合征便是由三条相同的 21 号染色体引起的，而三个 18 号染色体会导致爱德华氏综合征，三个 13 号染色体则引起帕陶氏综合征。孩子患唐氏综合征的概率和母亲的年龄成正比关系。一位 20 多岁的女性生育唐氏综合征患儿的概率约为 1/1500，30 多岁时为 1/800，35 岁增加至 1/270，40 岁时能达到 1/100。过去人们认为母亲的年龄是唯一的影响因素，但最近的研究表明，父亲年龄的增加也会对后代产生影响。当你想明白这一切的时候，不要忘记任何一个母亲，在任何年龄，都有可能生下患有遗传性疾病的孩子，例如唐氏综合征。所有的父母都在为生下一个"健康的孩子"做着努力，所以，你的妻子如果已怀孕，一定要做筛选测试，以便让你和你的妻子更多地了解生孩子的具体风险。

· 风险筛选

筛选可以评估婴儿罹患遗传疾病的风险。一种被称为"联合检测"的方法常被用于评估患唐氏综合征、爱德华氏综合征和帕陶氏综合征的可能性，但检测必须在怀孕 14 周前进行。首先是颈部透明度（婴儿的颈后透明层厚度，第 60 页）——将在产检扫描时用超声波测量。接下来是母亲的血液测试，主要测量两种物质的水平：人绒毛膜促性腺激素（HCG）——验孕时不可或缺——以及妊娠相关的血浆蛋白 A，又名 PApp-A。这些测验结果与孕妇的年龄和病史结合在一起来评估，理论上能够给出孩子出生时患有上述三类疾病的数据概况。

如果你的妻子在怀孕 14 周之前一直没有做过联合检测，那么她可以选择在怀孕 20 周之前做一个"四重检测"。这是一个简单的血液测试，要测量两种激素——人绒毛膜促性腺激素（HCG）和雌三醇——以及两种蛋白质——A- 胎儿蛋白（AFP）和抑制素 A——的水平。如果结合年龄和病史进行解释，也可以用来计算婴儿的患病情况。不过，这种测试远不如联合测试可靠。

产前筛选的最后一步被称为非侵入性产前检查（NIPT），过去只能作为私人检查。现在已经证实胎盘中胎儿 DNA 的小片段会进入母亲的血液循环，因此一个简单的母体血液检测就可以筛选出胎儿染色体的异常状况，比如唐氏综合征。这种检测方法准确度惊人，预测的正确率接近 99%。非侵入性产前检查可以在怀孕 10 周后的任何时间内进行，如果你和你的妻子想知道的话，它甚至能在超声波扫描的几个月前就可以确定宝宝的性别。

·诊测之世

无论你的医务团队提供哪种筛选测试，都不会给出肯定的诊断结果；它们只是一种工具，用来表明你未出世的孩子患有遗传性疾病的可能性高低。筛选测试的好处是它们不会伤害到婴儿或导致流产。当然正如其他任何测试一样，它们有时也会出错，要么给出一些正常的错误检测结果，要么引起人们对婴儿健康状况的担忧。例如，在大约300次非侵入性产前检查中有一次给出了错误的阳性结果——这表明婴儿患有唐氏综合征，而实际上并没有。

如果你的妻子的筛选测试结果显示潜在疾病的患病风险增加了，尤其是当风险的概率大于1/150时，你的医务团队将提供一个诊断性测试。这个测试同样也适合那些先前怀过染色体异常胎儿的孕妇，或是那些有囊性纤维化、镰刀型红细胞疾病或地中海贫血等遗传病家族史的孕妇，以及在超声波扫描中出现异常结果的孕妇。不要忘记，你的妻子不需要接受全部的诊断性测试，你们两个要一起权衡测试的利弊，而不是仅仅通过与她的医疗团队详谈后做出决定。此外，还有两种侵入性检查——羊膜腔穿刺术和绒毛膜取样术，这两种方法都能提供明确的诊断结果，但并非毫无风险。

羊水是储存在子宫内包围着婴儿的羊膜囊内的高含水量液体，内含宝宝的胎儿细胞。羊膜腔穿刺术是一种在超声波引导下，用针头穿过腹壁并进入子宫后取得小块羊水样本的手术，通常在怀孕第15周到第20周之间进行。由于医生会使用局部麻醉剂使皮肤麻木，大部分母亲并不感到疼痛，只会觉得有点儿不舒服。但也有人说她们在手术的过程中会产生类似于痉挛的痛感。

而绒毛膜取样术，或称CVS，是一个与之类似的手术，但是在这里样本是直接从胎盘本身的细胞中提取的。根据胎盘位置的不同，针头可能穿过腹壁，也可能穿过子宫颈，当然，依然会实施局部麻醉。CVS可以在怀孕初期进行，例如怀孕第11周到第14周之间。

两类手术都有引发流产的可能性，不过均不显著，被引用率在0.5%至1%左右；其中绒毛膜取样术的术后的风险略高于羊膜腔穿刺术，但它们的术后出血和感染风险都很小。需要注意的是，"恒河猴"阴性的母亲（见"大脑"章）需要注射抗D抗体，以预防出现接触到胎儿血液的可能情况。

一旦采集到样本，它们便会被送去解析，大约在3天之内就能快速地得到结果，而更为复杂的基因测试需要两个星期之后才会收到反馈。在一般情况下，测试只会给出一个明确的"是"或"否"作为答案，你们可能会由此产生一些难以讨论和难以做出的决定。到目前为止，大部分能够检测出的问题都没有相应的治疗手段，所以，仔细权衡你的各种选择极为重要。有些父母打算继续怀着孩子，并尽可能多地了解情况，以便为宝宝的到来做好准备；还有的人可能决定就此停止，并与他们的医务团队讨论终止妊娠（堕胎）的选择。

对于这些情况，我无法给出具体的建议。每一种情况都有其自己关联的潜在并发症；而其中可能会影响到你孩子的只是一部分，抑或是全部，乃至于一个没有。是否继续怀孕需要深思熟虑后才能做出决定，你所有的个人情况、遵从的信仰和秉持的观点都需要被考虑在内。不过最终一锤定音的应该是母亲自己，当然，一个夫妻双方共同协商和达成一致的结果能让你们选择的那条道路变得好走一些。准确的信息在这里至关重要，所以，一定要尽可能地访问领域内的专家并利用一切手头可用的资源。一些夫妻发现在进行筛选测试之前便讨论一下各自关于遗传疾病和终止妊娠的想法是大有裨益的，因为有时候在排除情绪激动的决策压力之后才更容易进行理性的讨论。总而言之，这大概会成为孕期友好谈话中的保留节目，并在怀孕前几周中为你的伴侣持续播出。

为父者说

在我出生 6 周后，父母才被告知他们的孩子患有遗传性白化病。这是那些赋予皮肤和头发颜色的黑色素基因中存在的一个缺陷，鉴于黑色素还能促进眼睛后部视网膜的发育，因此白化病患者往往会有不同程度的视力障碍。简单来说，我的父母生了一个比白人更白的婴儿，他的眼睛也有点问题。在那个时候，医生们通常会向我的父母描绘一个可怕的景象，那就是我永远不可能在普通的学校上学，只能尽力去过像正常人的生活。

幸运的是，在家人和朋友的大力支持、坚定不移的决心和一些教科书的帮助下，之前医生的那些警告都没能成为现实——好吧，除了视力，这是最糟糕的部分。我父母和家里的其他人都没有患上白化病，但是他们都携带了有缺陷的基因并把它传给了我——不管是好是坏，最终导致了我现在的样子。

我一直担心把白化病遗传给孩子，因为我知道，无论做什么，无论细胞如何进行分裂，我所有的精子都会携带有缺陷基因的副本。不和另一个白化病患者结合是降低遗传概率的一种方法，但是，我又如何知道妻子是否携带着这种基因的副本呢？我无从得知。然而当我们开始考虑生孩子的时候，我和一位遗传学家聊了聊，他建议我说，如果我和妻子没有血缘关系，她的家族也没有任何白化病史在案，那么，妻子是白化病携带者的可能性非常低——但并非不存在。因此，只要我的基因没有和另一个白化病因子相遇，我的任何一个孩子都可以毫发无损地逃脱这场基因上的"轮盘赌"。

我不敢肯定是不是所有的夫妻都能够在孩子出生之前考虑一下抚养患有遗传性疾病孩子的后果，无论是唐氏综合征、白化病、囊性纤维化还是其他任何种类。就像想象最终成为父亲后的感觉一样，这是一个你永远无法感同身受的概念，除非这正是你每天经历的现实——无论你多么博览群书。经过漫长的讨论，我和妻子决定了三件事：第一，我们想要一个孩子；第二，我们想要和彼此在一起；第三，尽管白化病给我带来了严重的障碍，但到目前为止，我已经拥有了充实的、高成就感的生活，如果有人可以支撑着一位白化病人成长，那么我们也可以。话虽然是这样说，但我还是不喜欢这样的未来。

我最担心的是我的妻子。她总是想象自己有一天会成为一位母亲，但她从来没有考虑过和携带缺陷基因的丈夫一起生活——现在她不得不这么做了。这会改变我们之间的关系吗？如果孩子出现了问题，她会觉得我是罪魁祸首吗？但是随着了解日益深入，我们发现从各个层面上来看，没有人的基因是完美的。很幸运，我们并不清楚自己是否携带了危及生命的遗传疾病基因，当然，有可能正是这些未被探明的缺陷基因最终导致了后代身上的巨大问题。

就在我们关于遗传学的讨论达到高潮时，我遇到了一位焦头烂额的母亲，她带着正在发烧的孩子来诊所看病。孩子没有什么严重的问题，但这位母亲向我解释说，自从怀孕以来，她一直非常关心孩子的身体健康。追根溯源，她的所有担忧都归咎于怀孕初期接受的非侵入性产前检查（NIPT）。作为育有患病后代概率较低的父母，他们期盼着孩子一切正常，然而测试结果却显示特纳氏综合征呈阳性——一种表现为身材矮小、蹼状颈部和不孕不育的遗传性疾病。最终，经过数周不断咨询胎儿研究领域的医学专家、接受侵入性诊断测试和无数个考虑是否要终止妊娠的不眠之夜，他们终于确定自己的孩子没事——NIPT 留下的是一个"假阳性"诊断以及健康焦虑的痛苦痕迹。

　　和所有的父母一样，我也想要一个健康的孩子。不过，虽然这不太符合我的做事风格，但我还是决定放松掌控，让一切顺其自然。这个结论是我们夫妻两个共同得出的，若是发生在其他的时间点上，一次不同的怀孕经历中或是诊断出了更为严重的遗传疾病，也许又将产生另一种可能。我遇到的那些在基因检测后选择终止妊娠的爸爸们有着各自不一样的经历缘由。许多人认为，作为夫妻，他们做出了合乎可用信息和自身情况的绝对正确的选择。而另一些人回首过去，反思如果得到第二次抉择的机会，他们是否会走向另一条岔路。从来没有人说养育孩子是件容易的事情。

· 她想要的 ·

　　要在进行筛选测试前讨论一下，若是检测后得到异常高风险的结果你们将如何应对，以及在道德方面对于堕胎的看法。

　　不要在得知你的妻子属于高危怀孕类型后陷入颓废之中，现在正是她需要你全力支持的时候，用冷静的头脑帮她做出决定。

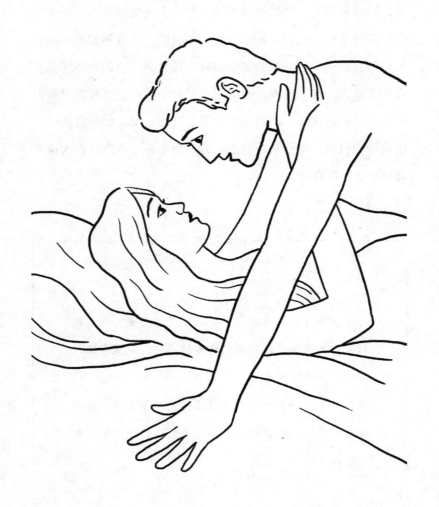

阴茎

——怎么样、在哪里、何时开始行动

医者之谈

无论你的伴侣是怎样怀孕的，这段旅程都起始于性。你可能一直想知道，伴侣怀孕后的性生活要怎么安排，或者更进一步，孩子出生后又该怎样。这其中有什么规则吗？在怀孕的"3个月"里，床单之间是否还能留有余温？在你们指责我用一整章的篇幅谈论怀孕期间的性行为（实属对男人的刻板印象）之前，我得说，女人们也经常羞怯地来询问她们是否可以在怀孕期间发生性行为。不论是男性还是女性，我们都对这个答案感到好奇。所以，让我们一起在这些每个人都想知道但很多人羞于开口的问题中探讨吧。

首先，好消息是，对于大多数夫妻来说怀孕期间进行性行为是绝对安全的。如果你的妻子正在度过一个平安无事的怀孕旅程，那么没有任何理由可以阻挡你们之间如此频繁的且富有激情的性爱。不过让我再补充几点。

在某些情况下，医疗保健的专业人员可能会建议你的伴侣在怀孕期间给自己安排一段"禁欲^①"时期——这实际上是医学上对于无性生活的说法。这多半只持续一个确定的时间段或是整个怀孕期间，所以不要拐弯抹角——问一下做什么是被允许的，做什么是被禁止的。医生并不会对此感到尴尬，他们每天都在回答这类问题。所以，你不要害怕去问。建议你避免性生活的原因主要包括存在流产史或早产史、前置胎盘（尤其是有出血史的前置胎盘），或者有宫颈功能不全史，即妊娠中期在没有其他分娩迹象的情况下，宫颈提前打开的人，而这会给婴儿带来感染的风险。所以，如果医生建议你不要发生性行为，那么，你一定要遵循医生的指示——依然固执己见的话，那你准是要吃苦头的。

·降欲激素

众所周知，哪怕夫妻们可以在孕期随心所欲地做爱，但允许性行为发生和实际想不想要发生还是有区别的，这就是为什么许多人心里的小算盘未始即终。我们需要站在你妻子的角度思考，因为归根结底，如果她不想做爱，那么，这次谈话开始的时候也就是结束的时候了。

在怀孕的前3个月，一些女性发现她们的性欲"飙升"。这是因为孕期荷尔蒙产生的效果，一些女性反映这样的强烈性

---

① 原文为 pelvic rest，直译为"骨盆休息"，这里翻译成禁欲。

冲动是一种前所未有的经历。而骨盆内血流量的增加，特别是阴道和阴蒂的血流量的增加，提高了孕妇的敏感度和性兴奋感，以至于部分女性表示，与她们非孕期的性行为相比，她们第一次到达了性高潮或是性体验出现明显改善。就像所有的性行为一样，生理和心理因素和夫妻做爱间的联系错综复杂。对于那些怀孕过程充满坎坷的人来说，被反复查看 App 程序、定期在排卵检测棒上小便充斥着的性生活计划更像是一张公交车时刻表，而非自然产生的爱与吸引之态。因此在从备孕计划中完全解脱后，那种激情便立刻复苏了。

所以这是一种极端表现，你可能认为它听起来很不合实际。不过高涨的性欲和性高潮的初体验并不是所有孕妇的常态。有的女性对性没有任何兴趣，尤其是在怀孕的前 3 月。再加上怀孕初期的其他症状——恶心、疲惫和情绪混乱——你很快就会发现，无论你的妻子对你有多么爱和欣赏，她所有的性欲都可能完全消失。骨盆血流量的增加确实可以改善一些女性的性生活，但也会让一些女性感到不舒服，进一步扼杀性欲。夫妻们也常常担忧怀孕早期的性行为可能会导致增加流产的风险。但真实情况是，没有任何证据表明在无并发症产生的怀孕期间发生性行为会致使伴侣流产。

和怀孕的过程一样，事情将如何发展我们无从而知，这就像是一列过山车，随着时间的推移而迅速改变朝向。所以，请抓紧时间，仔细沟通。好消息是，对许多人来说，怀孕中期事情发生了显著的变化，孕妇的性欲由此回归。

· 你之担忧

无论你的妻子想还是不想发生性关系，这其中都存在着一个巨大的误解，那就是作为男人，我们总是"时刻准备着"。对于孕期女性的丈夫来说，这期间发生性关系是非常普遍的情况。当然，这与妻子不断变化的体态无关。虽然任何改变都需要一些时间来适应，但是很多男性发现妻子怀孕期间的身体变化非常有吸引力。事实上，就算是女性自己，哪怕是在无数安慰的情况下，也会因为身体正在经历的变化而感到不安或缺乏信心。对于大多数男性，由于心理作用，他们并不情愿与孕期中的妻子发生性关系，但我们都很清楚，焦虑对勃起和性欲没有任何影响。

让我们来打消一部分压抑在你心头的担忧吧。首先，在已经获得了发生性行为的许可，或者说这件事没有被推迟的前提下，你的行为不会对未出生的孩子造成任何伤害。爸爸们经常会询问他们在性交过程中对宝宝造成身体伤害的可能性：

"当我们做爱的时候，我会'撞'到宝宝吗？"

"我会伤到宝宝的头吗？"

记住，你的宝宝被安全地包裹在坚硬的羊膜囊内，而羊膜囊又被子宫肌壁保护着。你的阴茎只会待在阴道里——不管大不大——它都不可能进入子宫或者以其他任何方式伤到宝宝。

许多男性承认，和平时不同，与怀孕的人发生性关系的感觉很奇怪，还暗含一种心理上的担忧，这或许是因为他们总觉得腹中的孩子"知道"父母们正在干什么，甚至于能通过某种方式"看到"，并因此丧失了兴趣。事实上，这也是不可能的。你未出世的孩子正舒适而幸福地待在母亲的子宫里，对外界发生的事情一无所知。但要注意，这种焦虑感不要过于外露，不然妻子可能会误以为你对性事的不情愿是因为她变化的外貌对你没有了吸引力。细心地安抚和坦言你的任何担忧有助于打破这个潜在的恶性循环。如果你们能够以一种开放诙谐的方式共同分担忧虑，浪漫感很快就会重新焕发生机。

还有很多父亲担心怀孕后期的性行为可能会导致早产。人们给夫妻的普遍忠告加深了这种错误观点，即预产期临近时发生性关系会加速分娩进程（详见"子宫颈"章）。精液中的激素前列腺素在非常高的剂量下——远远高于精液真正含有的量——才能够被医疗团队用来引导或诱发分娩。没有证据表明性生活会使身体自然分娩的时间提前，所以另一个毫无根据的担忧解除了。对于没有并发症伴随的孕期来说，"性生活"不会带来"产生活"——放轻松一些。

在怀孕期间，不仅准妈妈们会感受到荷尔蒙的改变对于性欲的影响，医生们也开始逐渐了解准爸爸们的荷尔蒙变化。研究表明，催乳激素水平会随着分娩的临近而增加，并会影响婴儿对于哭声和需求的反应强度。有趣的是，男性性激素睾丸激素的水平在孩子出生前后会下降。因此，他们会发现自己的性欲也在随之减少。人们认为这可能是一种生物应答现象，但无论真相如何，生物学可能是影响性欲变化的一个原因。

· 互诉衷肠

现在你们都处于这个情境之中，当抛开怀孕带来的生理和心理焦虑后，现实又将怎样发展呢？孕激素可能会导致阴道的分泌物增加，根据你的行为它们的气味和味道会发生变化。这些增加的"润滑"将影响你和妻子在性爱过程中的感受。有的人喜欢它，有的人认为它的产生让性爱变得没那么刺激了。而有时，荷尔蒙的变化意味着无法产生足够的润滑，所以，一旦在性爱中出现不舒服和干涩的感觉，使用安全的水基润滑剂让一切平滑进行吧。

小心胸部，前臂警告。乳房非常柔软，尤其是在怀孕的前3个月，意味着你的妻子很可能不希望有人触碰它们——对于一些男性来说，这是一件相当扫兴的事情，因为不断丰腴的体型使女性变得越来越撩人心弦。在你妻子的引导下，随着怀孕进程的发展，特别是在妊娠晚期，在性交过程中若是刺激了乳头部位，有可能会导致少量早期乳汁（被称为初乳）的分泌。如果出现了这样的情况，请不要对此感到惊讶，作为一个有趣的惊喜，最好的应对方式是与妻子一起大笑，而不是把注意力集中在你可能无意间被你的伴侣给予了初乳的怪诞现实上。

值得注意的是，在怀孕的最后几周，你的妻子可能会出现一些新的症状。除了感觉上的潜在变化外，性高潮之后也许会伴有轻微的、抽搐的骨盆或腹部疼痛，因为高潮时血流量的增加实际上可以引发一些非常细小的子宫收缩。这些并不是什么危险的症状，是完全正常的，但却导致了一种不适感，不过性交后的腰部按摩能派上大用场。然而，如果你的妻子在性爱后出血，或是出现任何不能自行缓解的痉挛疼痛，便需要联系医生。最终结果可能没什么好担心的，但也不应该被忽视。性高潮时血液流动的变化也会影响胎儿活动的多少。增加或减少都是正常的，只要能即刻恢复至日常水平，就没必要惊慌失措——当然，这可不是宝宝在对爸爸妈妈刚刚做的事情表示抗议。

·感染风险

显然，当你的宝宝还依偎在伴侣的子宫里时，最重要的是避免将他暴露在任何感染的可能性之中。婴儿受到羊膜囊、子宫和阻塞宫颈的黏液栓的保护，因此正常的阴道性交不会产生风险。如果你和妻子在怀孕期间与其他人发生了无保护措施的性行为，会有传播性传染病的危险。正如所有的性健康建议一样，性交时应该使用避孕套等避孕方法来防止传染病的传播，一旦出现任何症状，都应该迅速找专业的医疗保健人员进行检查和治疗。

如果在分娩期到来之前你伴侣的羊水就破了，腹中的宝宝将不再受到羊膜囊的保护。在此之前，羊膜囊已经持续阻止感染发生近 40 个星期。你会被医生建议停止做爱，但是从那一刻开始，无论如何，做爱都可能是你们唯一能想到的东西。在脑海中挥之不去的可能是你和妻子在生产后是否还可以继续发生性关系。不要着急，你们当然可以，接下来我们将讨论一下可行的时间点以及如何迎接宝宝的降生。

为父者说

说实话，让男人们谈论自己的性经历通常是一种挑战。但是我采访过的那些新手爸爸们在这个话题上坦诚而开放的态度令人感到惊讶。偶尔喝的啤酒可能对此起到了一定的作用，但事实上我认为，孩子的出生会让性展现出一个完全不同的视角。从一开始的仅仅是为了寻求快乐而做爱，到有目的的备孕生子，这是一个进化的过程。在他们的妻子怀孕了之后，大多数人认为最主要的变化来自女性自尊心的改变。身材胖瘦和形状的变化使许多女性认为自身的性吸引力在下降，即使丈夫告诉她们并非如此。在我妻子怀孕的前 3 个月，孕吐造成的反胃后遗症以及极度疲惫的状况必然抑制了我们之间爱情的火焰。但这似乎并没有多大影响，我们都有一种使命感，甚至可以说是成就感，那便是我们的身体已经完成了"任务"——怀孕已经发生了。

正如许多事情一样，怀孕中期带来了一段相当快乐的时光。我必须承认，早在妻子怀孕以前，我就已经开始担心性爱可能对孩子造成的损害。尽管我做了大量的研究，了解到相关的科学知识，明白了这并不会有任何坏处，但我脑子里依然盘旋着一个问题，那就是我的孩子确实是"潜伏"在妻子腹中的。一旦妻子开始显怀，大多数父亲都会担心原本的性爱姿势会给正在成长的宝宝带来压力。不过，他们最终都找到了富有创新力的办法来避免这种情况。上臂和核心力量对于准爸爸们的"性"福生活至关重要，而"平板支撑"为怀孕早期做爱的日子提供了足够的距离，但几个星期之后，妻子的肚子越来越大，这种"俯卧撑"高度上的要求也会逐步提高了。

随着时间的推移，仰卧可能会让你的妻子感到头晕目眩。这是因为婴儿对腹部主血管的压迫减少了流向心脏部位的血液量，从而致使心脏每次跳动时泵出的血液减少。在怀孕期间向妻子宣告你对她的爱意是非常重要的。很多父亲告诉我，尽管在那段日子里他们对妻子的感情其实是增加了，但妻子却确信自己的外表一定没那么有吸引力。令人欣慰的是，父亲们觉得虽然妻子的身体发生了明显的变化，但这些变化是他们乐于看到的，妻子所在意的爱情火苗也未曾熄灭。

• 她想要的 •

要多花点时间和妻子亲密接触，不要以为她不想做爱，要做她想做的事。

不要惊讶于伴侣胸口乳液的渗漏，不要把注意力错误集中，破坏这个时刻。

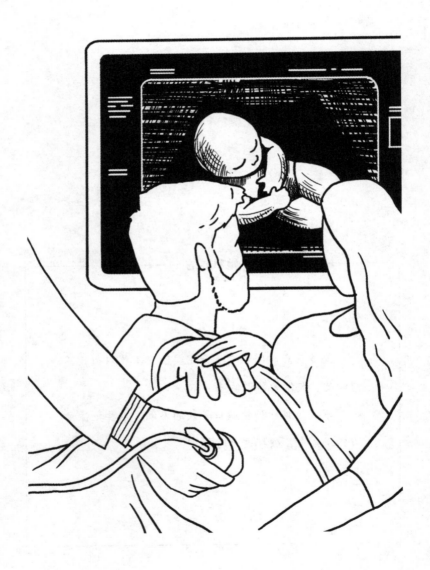

生殖器

—— 孕 20 周扫描

医者之谈

　　当你和伴侣的孕期马拉松行至中途，便又到了 B 超扫描时间。这是检测怀孕中期"异常"的超声波扫描，大约在孕妇怀孕第 18 周到第 21 周之间进行，比之前一次更加详尽全面。如果你还没有通过染色体测试确定婴儿的性别，那么这次扫描是一个机会——当然，测不测取决于你自己。

　　扫描的主要目的是对你的宝宝进行从头到脚全方位的检查，因为那时宝宝已经基本发育完全了。所有主要的脏器都形成就位，宝宝的四肢与躯干的比例更加协调，哪怕你不想得知宝宝的性别，这堪称是又一次值得花时间完成的孕期里程碑式的拜访。B 超扫描可能会引起夫妻们的焦虑，毕竟天有不测风云，因此，夫妻一起参加扫描是完美的解决方案。如果顺利的话，这将是对胎儿进行再一次窥视的机会，而随着时间的推移，宝宝的外表将变得越来越接近人形。

　　中期扫描在项目上与产检扫描类似，但更为详细，因为要检查的内容太多了，因此大约需要 30 分钟到 45 分钟才能完成。声谱仪操作员会在你妻子的腹部放一些胶状物，然后使用手持探针透视腹壁内的婴儿，阴道探针是绝不在使用范围里的。孕妇的姿势很重要，因此诊床可能会被倾斜、颠倒着摆放，以便让声谱仪操作员看清婴儿的所有器官。于是，孕妇不得不挪动到不同的位置，按照检查需求展示腹中的胎儿。声谱仪操作员将会再次测量宝宝的各项数据，还会检查大脑——现在这个器官正在发育为一个个特定的区域，用于掌控人体各个不同的功能——心脏、肾脏、腹部、脊髓、面部和全部骨骼。通常情况下，操作员并不会数手指和脚趾，因为在这个阶段它们很难被辨别。在检查婴儿的同时，声谱仪操作员还会测量婴儿周围囊内包含的羊水量，以确保羊水不会过多或过少，同时再次确定胎盘的位置，防止几个月后阻碍到婴儿的出生。

一般情况下，声谱仪操作员很乐意告诉你他们在做什么，并在检查的过程中给你展示相关图像。问问题是可以的，但是，要记住操作员是在进行一些非常重要的检查，所以，尽量不要让他们的注意力分散太多。最后的最后总是会留出时间和你谈论一些事情或是特别棒的图像，来充实你不断扩充的黑白超声剪辑册。但如果操作员发现了任何异常，你就会被要求做进一步的检查。

·查、待两难

当我上面说到所有器官都在发育的时候，其中是包括生殖器的。那时，女婴的阴道、子宫和输卵管已经形成，而男婴的阴茎和睾丸同样如此。

既然如此，你是准备冒险一试，让你宝宝的性别之谜真相大白，还是决定继续享受这个猜谜游戏呢？

尽管超声波扫描仪的性能比以前好多了，但是性别的确定仍然不太精准，偶尔也会犯一些错误。无论你最终决定想或不想知道孩子的性别，都要在检查开始前告知声谱仪操作员。有时候，夫妻们会发现一些他们本不希望在扫描中看到的东西——在这种情况下，你也许只能顺应结果接受这个现实。而有时候，宝宝只是不想玩寻找生殖器的游戏，摆出了一个让你很难看清两腿之间的姿势。一些医院的规章制度是要求不告诉父母孩子的性别，如果你去的医院是这样的情况，而你又确实想知道孩子的性别，那么还是等孩子出生吧。

不知道孩子的性别也有好处。有些人认为这是作弊——就像提前打开了生日礼物一样。不过或许最令人信服的原因还是不揭露真相可以让你享受分娩的天然神秘感。有些女性发现，在分娩过程中对于孩子性别的未知是一种很大的生产动力。当助产士把孩子的性别告知产妇时，关于"是个女孩"或者"是个男孩"的兴奋宣告可以为接下来几个小时的生产过程带来最后的爆发。如果你喜欢的话，这样当然是锦上添花，毕竟，谁不想偶尔感受一下好莱坞式戏剧性的气息呢？而且，不知道性别也让夫妻得以远离对性别的刻板印象，你的家里不必堆满各种无用的粉色或蓝色婴儿用品，夫妻也不必在孕20周确认孩子的性别后得到无动于衷的回应：

"哦，好吧，下次你可以试着生个男孩。"

"我打赌你想要个女孩。"

当听闻别人怀孕的消息时，很多人常常会有不可思议的习惯，那就是多管闲事。其实，无视、微笑、继续生活才是最好的，也是最不令人烦恼的做法。当然，如果不去探寻胎儿的性别，那个微小但仍然存在的性别检查结果错误的可能性就被消除了，同时，分娩后因为事与愿违而导致的夫妻间的尴尬场景也不会发生。

另一方面，现在我们有能力检测宝宝的真正性别——而且非常精准，于是很多人不明白为什么你不想尽早知道结果。因此，在中期"异常"扫描中查看性别变成了一种流行趋势。提前得知性别有助于事先规划——不仅仅是关于婴儿房墙壁颜色的选择。如果你只专注于其中一个性别类型，那么姓名的选择范围一下子就缩小了很多。假如你或你的伴侣对于想要男孩还是女孩有强烈的渴望而最终却未能实现，你也可以争辩说，在出生之前就知道孩子的性别可以给自己留出改变想法的时间，况且男孩还是女孩是由你的基因决定的。事实上，当宝宝躺在你的臂弯里时，感受着这样一种迎接新生儿到来的喜悦之情，你脑海中曾经想象出的那些关于和儿子踢足球或是陪女儿完成婚礼仪式的刻板场景都变得无足轻重了。不管怎样，你的女儿可以成为一个顶级的足球运动员，你也可以陪着儿子走过婚礼红毯。

无论你是"急不可待"还是"不动如山"阵营中的一员，最重要的是你们夫妻二人要团结一心。如果你们始终对是否得知谜底持有不同的看法，事情会变得相当棘手。因此要尽可能达成共识。我见过一些夫妻，他们试图让其中一个人知道孩子性别，而让另一方对此一无所知。不可避免地，这种会把事情搞砸，最终，一切都只能在眼泪中收场。因此，我建议夫妻二人共进退。不过鉴于孩子是由你妻子孕育的，你最好还是听从她的决定。如果你们已经打定主意，从现在就可以开始用一些富有创意的方式告知亲朋好友这个消息了。从彩色氢气球到专属的卡片和派对，互联网上充斥着各种各样的创意，有时候那些披露性别的想法可以称得上是古怪荒唐。

·后起之症

哪怕之前看不出来，但当妻子迈入怀孕第20周大关时，你应该能注意到她显怀的痕迹了。这个时候子宫的顶部已经抵到了肚脐，从此刻开始，腹部的隆起每周都会增加大约1厘米。在孕18周到20周之间的某个时间点，你的妻子可能会初感胎儿的移动，但对于有的女性来说，这个日期要再延后一些。随着时间的推移，胎儿将会拥有相对固定的日常移动模式，用不了多久你也能感受到宝宝胎动的存在。最初那几次胎动的时候，你不免兴奋地用手去摸妻子的肚子，试图感受胎儿的运动，这时你的孩子可能会为此感到惊慌，继而停下不动。如果一直摸下去，你就会开始不自觉地判断自己是不是感受到了一位未来芭蕾舞演员的右勾拳，一个轮廓鲜明的肘尖或是一只小脚。当你的妻子习惯了这些日常的胎动后，每天仔细观察其中的规律是很重要的。假如她担忧宝宝长时间不动或许是因为受到了一杯冷饮、自己的走动或者音乐声等外物的刺激，无论何种情况，都应该马上去和她的医疗团队讨论，因为胎儿没有动作以及胎动模式的改变可能是其出现问题的信号。如今有大量的智能手机 App 可以帮助你追踪胎动情况，并由此建立一个关联的日常行为模式图。

越来越大的肚子令人兴奋不已，但同时也带来了一些不受欢迎的潜在症状。背痛是其中最为常见的一种，因为不仅腹部的重量会给背部施加压力，而且为了让身体做好分娩准备，孕妇体内产生的荷尔蒙松弛素会"放松"或"松弛"连接关节活动的肌肉和韧带，从而增加拉伤和扭伤的风险。在此，一些简单的小技巧能对你们有所帮助。实用的支撑鞋是应该最先准备的——要尽量避免穿高跟鞋。当坐在椅子上时，要提供良好的背部支撑。可以用一个小脚凳轻轻抬起脚部，特别是当孕妇需要长时间坐在办公桌前工作时，这种方法极为有效。

松弛素对子宫周围的韧带有类似的作用，尤其是圆韧带还有那些支撑骨盆的韧带。虽然这是为了准备产道以适应婴儿通过的不可或缺的过程，但它可能会带来剧烈的骨盆带疼痛。适当平缓的运动、避免过度劳累可以对此提供有效的缓解，如果疼痛到了无法忍受的地步，腹部支撑也会有作用——但不能整天戴着它。腹部支撑有许多不同的款式和设计——作为衣服、腰带或吊带的一部分——从根本上支撑腹部、减轻疼痛关节的负荷。如果这些简单的措施依然不能缓解不适，可以咨询医疗团队，看看他们是否能推荐进一步的治疗方法，比如物理疗法。

背部疼痛、骨盆带疼痛、宝宝在肚子里踢来踢去等一系列事情导致你的妻子无法享受完美的睡眠。再加上她晚上需要定时起夜，你可能会发现在孩子出生之前你们都在忍受睡眠被剥夺的情况。

最近的研究证实了人们一直以来的猜测。如果你的妻子在怀孕后期仰睡，那么产下死胎的概率会有一个微小但不能忽视的上升。承载着婴儿重量的子宫压迫着腹腔内那些将血液送回心脏的主要血管，进而影响子宫、胎盘和婴儿的血液流动。因此，左侧卧位是睡觉的最佳姿势。当然，说起来容易做起来难。通常人们在睡觉的时候会有几百次的动作，所以若是你的妻子仰面醒来，请不要惊慌，只需要鼓励她翻个身继续睡觉即可。一个怀孕用枕——外表奇怪，可弯曲的，香肠形状的枕头——可以为骨盆、隆起的腹部和背部提供极佳的支持，并帮助你的妻子保持左卧的姿势。如果你不想花钱买一个新枕头，那么在你妻子两腿之间放一个普通的枕头，再将另一个枕头放在她的肚子下面，也可以达到同样的效果。

·诊所之旅

如果你的妻子在怀孕过程中没有出现并发症，扫描结果也一切正常，那么"异常"扫描可能是你在分娩日前最后一次看到宝宝的机会。一些诊所和医院也在妊娠晚期提供扫描，或者，当扫描的过程中发现了异常时，你的医疗团队可能会在胎儿进一步成长后提供后续检查扫描。可以肯定的是，随着预产期（EDD）的临近，你的妻子将和她的医疗团队安排越来越多的会诊。这件事对你们两人都很重要，因此，一定要将时间安排牢记于心。

那么，这些会诊包括哪些项目呢？尽管这是一个让你或妻子询问任何有关怀孕或分娩问题的关键时机，但依然有一些重要的常规测试需要进行，以便医疗团队检查分娩前母亲和婴儿的健康。医疗团队会测量孕妇的血压，确保它不会高于正常水平。他们还会化验孕妇的尿液样本，检查是否有任何显示蛋白质从肾脏渗漏至尿液中的迹象。高血压加上尿液中的蛋白质是一个警告信号，表明你的妻子可能患上了一种叫作先兆子痫的疾病，会导致例如头痛，视觉障碍，脚、脚踝、手和脸部肿胀等症状的发生。这种现象的确切病因尚不清楚，但若是不加以治疗，可能会发展为危及生命的"子痫"，并致使母亲癫痫发作，带来会损害胎儿健康的相关危险。尿葡萄糖指数也需要检测，因为尿液中的糖水平是判断孕妇患妊娠糖尿病可能性的一大依据。

医疗团队还会向孕妇确认她是否一直能感受到胎动，并且可以透过肚皮大致确认胎儿的姿势，而随着怀孕周数的增加，助产士会越来越关注此事。对于阴道分娩来说最为理想的情况是在怀孕 36 周时，胎儿以面朝孕妇背部的姿势倒置于腹中——关于这一点在"阴道"章中会有更为详细的说明。接下来，医疗团队会用测尺测量子宫顶部（现在差不多位于肚脐上方）和耻骨（阴道上方的骨头）之间的距离。根据测量结果，医生可以判断孕妇腹内的胎儿是否生长发育状况良好，并确保包裹胎儿的囊中有足够的羊水。最后，医疗团队可能会使用多普勒探头——一种没有屏幕的手持超声装置——来探听婴儿的心脏跳动。在正常情况下，你也可以听到这个声音，但如果他们追踪婴儿心跳时花费的时间有些长的话，不要惊慌——根据胎儿姿势的不同，有时候将探头摆放在正确的位置接收声音并不是一件容易的事情。所有的检测结果都会被记录在你妻子的产妇记录本上。

在你离开之前，医疗团队会向你的妻子提供详细的说明，例如当她在怀孕过程中遇到任何并发症或者是不寻常的症状时，应该怎么应对——她的记录本中将存有一长串的电话，确保你知道在哪里可以派上用场。如果你们中的任何一个不清楚这些信息的备份位置或是可用的援助渠道，一定要问清楚。

为父者说

　　我妻子说她知道我们一定会有个女儿。对此我不敢肯定，但一直坚信着无论最后妻子生下的是个男孩还是女孩，我都会成为一位好爸爸。虽然在内心里从未下过定论，但是有关这个问题的思考确实让我开始关注成为父亲后的前景展望，以及这件事究竟意味着什么。我开始反思自己在成长的过程中有何收获，如果我是一个孩子，我希望从父母那里学到什么，以及我们可以把各类不同的技能运用到育儿团队中去。但有一件事是可以确定的：我们都太没有耐心了，等不及四个月后才知道孩子的性别；如果可以的话，我们打算在第 20 周扫描的时候就弄清楚。

　　在对胎儿的大脑、骨骼、肠道和其他重要器官进行了长久而仔细地扫描后，声谱仪操作员转向我们，问我们是否想知道宝宝的性别。我认为操作员早已找到了得出这个神圣的答案所需要的一切证据，但她依然尽职尽责地扫描完其他检测项目后，向我们展示了最重要的"两腿之间"的视图。当她最终说出"是个女孩"这几个字的时候，我的妻子只是说："我一直都知道是女孩。"而我不假思索地问操作员，是否漏掉了某个地方藏着的小小的鸡鸡？话刚出口我便后悔了，因为我就像一个绝望的现代版亨利八世，毫无意义地执着于拥有一个儿子和继承人，这并不是我的本意——尽管我的脑海中马上浮现出在我生命中的某几个时刻，我可能会坐在服装店试衣间外的"爸爸椅"上，而我的女儿则踩着模特步挑选想要的衣服情景。声谱仪操作员不满地瞥了我一眼。我并不是个大男子主义者，只是一个秉持着怀疑精神的医生，想要确定她有没有错判。我还觉得，这一结论将解开一个购买女孩世界相关产品的枷锁，而错误性别诊断带来的后果是极为严重的——不看其他因素，对银行存款余额也是一个致命的打击。操作员直视着我的眼睛，发誓道："到目前为止，我从来没有出过错。"

随着妻子腹部的隆起变得越来越明显，我迫不及待地想要感受女儿在肚子里踢出的第一脚。有那么一两个星期，我的妻子认为她能感觉到一些胎动，但要想同时把我的一只手放在妻子的肚子上并不是什么简单的事。每当我感觉到什么的时候，都不能确定究竟是婴儿还是妻子的肠道在我的手指下轻轻地移动——这可不是我想象中那种能够隔着子宫壁和我女儿击掌的画面。很快，这种轻微的颤动就变成了拳打脚踢，当然想弄清楚是胳膊还是腿在动几乎是不可能的。一开始我们觉得和高高的肚子说话看起来似乎有些疯狂，但是结合了奇怪的聊天和温柔的抚摸，甚至是偶尔的歌唱声之后，我们真的和宝宝跨过充满着羊水的"海洋"联系在了一起。有科学证据表明，如果父亲常常与胎儿交谈并抚摸胎儿在母亲肚子上隆起的部分，更容易在孩子出生后与其建立亲密关系，而妻子患产后抑郁症的可能性也更小。与妻子进行身体接触以及充满爱意地告诉她，你在关心不断变大的肚子以及它将带来的一切，是值得的，你甚至可以从繁忙的生活中抽出一些时间回忆你们夫妻共同经历的一路坎坷。

意识到自己最伟大的杰作之一正在另一个人体内成长的感觉真的很奇怪。另一方面，当你每天都关注着一个人的时候，你很难发觉那些悄然降临的微妙变化。只有在看到一个几个月没见面的孕妇时，你才能充分感受到她身体正在经历的巨大变化。在你赞叹她"看起来棒极了"之前，内心里（但愿你没说出口）总会产生一些念头，比如"哇，你真是个大块头"。但我可以诚实地说，在我妻子怀孕期间，除了惊叹大自然母亲为了人类物种的延续能让我的妻子经历如此不可思议的身体变化之外，我从未有过这样的想法。

人们很容易变得偏执，坚信事情出了问题。我经常在下班回家后温柔地询问妻子，宝宝今天是不是动了好几次。我的妻子很忙，因此对于每天发生的事似乎没有感觉，有时她会说自己觉得宝宝几个小时都没有任何动静，而这让我感到焦虑和担忧。幸运的是，只要稍微集中一点儿注意力去感知，这位胎儿界的足球或芭蕾舞神童就不出所料地重新开始了她的表演。一天晚上，我从单位借了一台超声多普勒仪，就像在助产士那里产检时看到的一样，试图自己找到宝宝心脏跳动的声音。此外，我也模仿着助产士产检的动作，用了充斥着紧张的一两分钟小心地调整了探头的位置，然而，随着心跳声迟迟没有响起，我越来越感到恐慌。但没有心跳声不是因为我的技术不好，而是由于一个暗藏着的严重错误。记住，无论你是买了私人的多普勒仪在家使用，还是在焦急地等待着医疗护理的专业人士探查胎儿的心跳，在你听到任何声音之前，探头必须准确地指向心脏的方向。如果你不能马上听到微弱的心跳声，那么一定要抑制住内心的慌乱；你脸上满含紧张的表情并不能帮助助产士更快地发现它。虽然和你正在成长中的后代有一些人世间的接触是很美好的事，但如果独立操作多普勒仪造成你过度焦虑，我会把它归入"不要在家尝试"之列，还是把它留给专业人士去做吧。

• 她想要的 •

　　要在"异常"产检前和妻子讨论清楚是否揭开宝宝性别这个谜题。

　　不要询问家人和朋友给宝宝起名的建议，把它留给夫妻自己做决定。

鼓掌

——准备迎接盛大的降临

医者之谈

说到生孩子，我们还是面对现实吧。住房、哺育、喂养以及"怀揣"着越来越近的快乐之心，你的妻子真的已经做完了大部分棘手的活儿。但当她专注于生理上的问题时，还有一整套的家务事等着你去打理。你可以向妻子寻求帮助，以便为即将到来的一切做好充分的准备。

·父、母福利

当妻子的肚子开始显怀，你们两个人是时候去确认所有合法产假或陪产假的时间安排了。检查一下你的雇佣合同中的相关福利，找出你应享有的法定权利有哪些。一定要及时地填写所有必需的文件，以免错过任何获得经济方面援助的机会。有很多的雇佣合同都会要求孕妇在预产期前至少15周通知雇主怀孕的消息。

作为新手爸爸，在孩子出生后能和新加入的家庭成员一起度过一段时光是件很棒的事情，因此，你需要仔细规划可用的假期。你有权享受一到两周的法定假期，还可以算上自己的年假。

而你的妻子有将近一年的时间可以不用工作，但是不要忘记考虑夫妻二人育儿假时间重合的可能性，这对于那些已经安排好工作计划的父亲们来说是一个巨大的打击。成为父亲必定会带来经济问题，所以，现在是厘清你财务情况的最佳时机，在必要的时候需要听取专家的建议。你的妻子将获得一些产妇津贴，而你也有可能享受到政府给予的儿童福利或税收减免。因此，你需要提前准备好必要的表格和申请书，以备孩子出生时使用，为即将忙碌起来的生活节省一些时间并缓解压力。

·假期如何

现在到了享受最后一次放松机会的绝佳时刻了。在宝宝出生前没有养育孩子的束缚，可度过浪漫的假期。但这次假期不一定要过得多么盛大，在这段时间里和妻子一起远离家庭和工作的生活轨道，可以帮助你们为即将到来的人生巨变做好准备，而不受到日常事务的干扰。在此之后，你可能再也难以拥有这样无忧无虑的时光了。

如果你打算出国旅游，在订机票前先花点儿时间查看旅游条例。在怀孕初期乘坐飞机通常比较安全，但是要和你妻子的医务团队确认一下她有没有出行的条件。从怀孕 28 周开始，大多数航空公司都需要医务团队的保证书来决定你的妻子是否适合飞行。如果她只怀了一个孩子，那么怀孕 36 周后就不能乘坐飞机了，而如果是双胞胎，时间限制将提前至孕 32 周。在飞行途中，孕妇形成腿部血栓的风险会提升，因此，要让你的妻子在保持充足水分的同时尽可能地活动身体以降低患病概率。如果你考虑的是乘坐邮轮远航，请尽早出发，因为大部分邮轮公司不允许孕妇在怀孕 24 周后上船——没有船医想要在航行中途接生婴儿。

还有一件事你要牢牢记住，在一些国家境内传染病感染风险极高。对孕妇来说由蚊虫叮咬引发的疟疾是一种非常严重的疾病，因此疟疾高发区不应该成为假期旅游清单中的首选。如果无论如何都要经过疟疾区，你和妻子应该联系医生，讨论她可以服用哪些抗疟疾药物来预防感染的发生。当我们担心蚊虫类传染病时，不要忽略寨卡病毒的存在，这种病毒可能导致婴儿出生缺陷，比如小脑袋或异常的脑部发育（小头畸形）。所以，一定要远离任何寨卡病毒中危或高危风险地区。

无论你打算去哪儿，在出发前都要记得买好足够的保险。对于孕妇来说，在居住地以外的地方使用医疗保健服务是一笔极大的开销。面向非怀孕人群的大部分标准保险单是不包含孕产相关内容的，所以你需要提前联系供保方，确保你所购买的保险能涵盖到孕产所有可能发生的意外事项。

·回到家中

家里同样有很多的准备工作要做。规划宝宝睡觉的地方，布置一个婴儿房，并设好所有家具简直是为准爸爸们量身定做的活儿，无论你的另一半动手能力有多强，所有的辛劳都得压在你的肩膀上。不过在最初的 6 个月，宝宝最好还是时刻和妈妈睡在同一个房间里。你可以从众多可共睡的婴儿篮、婴儿小床和婴儿棚中挑选一个合适的装到你们夫妻床边，这样也方便妻子大半夜给宝宝喂奶。

另外，还有一些可能会派上大用场的装备，比如婴儿座椅，这样白天在宝宝睡醒后，你们可以把宝宝放在上面，然后去干其他重要的事情。或者用吊带兜着宝宝，或者是穿着"婴儿背带"，都是一种很棒的带娃方式。很多爸爸们发现这是一个和宝宝建立亲密关系的好机会，而且还可以使自己的双手得到解放。婴儿背带和婴儿兜有各种各样的尺寸规格，所以，要尽量买一个你们夫妻都能穿戴的款式，最好是宝宝大一些后还能用的那种。

欢迎你来到婴儿车的世界。它们有成百上千种不同的设计，虽然贴着的价格标签有的会让你望而却步。选择一款贴合婴儿模式的车型，在付款前最后思考一下，比如你要把它放在哪里、它有多重、它是否能放进汽车的后备厢等等。

当你在核查车上用品清单时，一个安全座椅是必不可少的分项。它能让你开着车带宝宝去任何地方——尤其是从医院带回家中。根据英国的法律，任何 12 岁以下的儿童都必须乘坐安全座椅，并且头一年使用的时候座椅必须面向后方设置。同样，在本地实体店或是网购平台上你能找到无数可选项。有些车型要求乘客每次都系上安全带，当你需要装设一些与婴儿相关的配件时，这便成了一个棘手的障碍。有些安全座椅的绑带夹可以直接连接在汽车底座的固定点上——为了安全和方便，这类座椅值得一试。不过，要先确认一下它和汽车型号兼不兼容。还有一些也可以夹在车架上。

由于婴儿在坐车时需要面朝后方，因此安全座椅最好放在汽车后部。如果你想把椅子绑在前排乘客座位上，那么必须先关闭安全气囊。假若你不知道怎么关闭，汽车修理厂也帮不上忙，就不要把你的宝宝放在前座；在碰撞事故中，安全气囊膨胀的力量足以杀死一个宝宝，不要轻易冒这个险。

· 重要包裹

你的妻子可能已经开始打包要带去医院的行李了，从缓和产痛用品、衣服、化妆品和防溢乳垫，到睡衣、尿布和给新成员使用的湿巾，一并俱全。在怀孕 36 周以前这些物品都要打包完毕，哪怕你们计划在家分娩，你们也应该备有一份包裹，提前做好孕妇需要紧急转移至医院的预备方案。

你可能会认为准备这个"顶尖"包裹已经超出自己的能力和责任范围，那你可就大错特错了。的确，你的妻子拥有行李物品的决定权，但在把它们装起来之前一切都毫无意义。在那个重要的时刻，当她正在经历痛苦的分娩时，你只能靠自己找齐所有的必需品，因此，最好从一开始就参与到准备过程中去。你还需要为自己整理一个用来过夜的行李箱。除了换洗衣物和牙刷，其他有用的东西也可以带上，以便在医院过得舒服些。对于爱整洁的人来说，产后的病房仿佛处于热带地区，在这样的温度下，一些短裤和 T 恤可以帮你维持住酷爸爸的形象。而一个便携式扬声器配上精心挑选的音乐播放列表是漫长等待时间中的无价之宝。你还可以为自己和妻子准备一些喜欢的零食——分娩时的消耗量可是很大的。另外，多放几个枕头也会让医院生活变得更加舒适。如果你没睡过医院的枕头，大概会认为这是多此一举，但即便是一个普通的家用枕头在分娩期间和分娩之后所带来的家居感和舒适感也能让你大吃一惊。不用担心住院时这些行李不符合妇产科的规定——大多数入住产房的人看上去都想要住上好几个星期。假如你打算开车带宝宝回家，记得要带上安全座椅。有些东西需要被最后放上车，所以，请准备好一张重要物品清单，当你急匆匆出门时好把它们放到车上。

· 蓄势待发

保持良好的身体条件不仅能让你的妻子在分娩、产后和为人父母的初期受益，也能让你拥有更好的体力和精神去给予妻子支持。在宝宝出生后，你可能需要同时抱着孩子和一大堆附加品，所以，在妻子分娩前花一些时间来维持体能是很有帮助的。当你的身体处于良好状态时，强健的肌肉会减少疲劳磨损，带孩子造成的拉伤和扭伤症状就很难出现了。假如你曾经尝试过在抱着孩子的时候不用手支撑就站起来，你就会意识到身体的核心力量能起到多大效果。因此，如果你并不擅长健身，那么，现在就是运动计划被暂时搁置前保持住体形的绝佳时机。

提前对分娩和分娩方式进行了解能够帮助你和妻子准备一个"生育计划"——一个专属的分娩与生育愿望清单。阅读这本书可以让你学到很多有用的知识，但是预定一个产前课程能更好地帮助你吸取、提问并与其他的父母们同舟共济。本地的医院、诊所或者外部组织都会开办一些课程，你可以在家附近找一个，不仅路途便捷，还有机会遇到邻里其他准父母。不论是孩子未出生的现在还是孩子需要同龄人的未来，这样的机会都弥足珍贵。课程内会教授实用的技巧，比如能够助产的按摩方法，提供与经验丰富的助产士和孕友交流生育计划的渠道，人们经常能从其他准父母那里学到重要的小贴士。当你发现自己不是唯一一个对于即将为人父母感到焦虑的人时，自然会安下心来。没有人会对做好万全准备的未来产生恐惧，所以继续加油吧，努力成为怀孕生产领域的权威人物，成为你妻子的生育道路上的终极同行者。

为父者说

看完网络上各种婴儿折叠车装车的视频后，显而易见，如果我们非要把折叠车塞进心爱小轿车的后备厢里，以后出门就别想带其他东西了，除非换一辆家用型的汽车。而唯有在这个时刻，被迫换车对家里经济情况的影响才显露无遗。当你读到这个章节时，这才猛然发现自己的宝贝爱车连一个过夜包裹都装不下，那么可以把这当成是一个小小的警告：尽管婴儿体型不大，但要用的必需品和配件可绝对不小。宽敞有时候比外观更重要，尤其是当你想生好几个孩子的时候，提前买好合适的车能为未来几年省下一大笔开销。我不是什么汽车专家，所以这里就不介绍理想车型了，但如果你考虑在孩子出生前换车的话，记住优先考虑空间、是否有固定汽车安全座椅的地方以及安全性问题。

毫无疑问，哪怕你已经成功避开了买车的陷阱，关于婴儿车底盘、轮毂和各类车身设计的事情依然尚待考量。逛当地的百货商场和参观汽车陈列室没有什么不同，总有热情的销售员试图用天价兜售一款能歌善舞、享有独家专利折叠机制和组合设计的新式婴儿车。其中"提高宝宝安全"的推销更有可能击中你的软肋，一不小心你甚至可能花费能买下一辆车的钱去买一辆名家精心设计的婴儿车。

我们最终选择了轻巧的都市用型，这是在伦敦街头漫游所用的完美之选。然而几个月后，本应该在康沃尔（Cornwall）海滩上的悠闲漫步变成了一次适合想要参加大力士比赛的人进行的全面推雪橇锻炼：我们和那辆婴儿车在沙滩上寸步难行。对于这些设备来说，一招抵万手。因此，深入二手市场是绝对值得的，许多网上公司都会提供翻新的高端型号，且价格会大大降低。

在快乐地组装了一周末育儿组合家具后，我终于松了一口气，把最后一颗螺丝钉放回了那天早上打开的袋子里，仿佛全世界的 DIY 家具都置于其中。但是预热时间还远远没有结束，那天晚上我还要忍受两个小时的"孕期伴侣瑜伽"。如今的我认为瑜伽是一项很棒的运动，普拉提也在此列（在正确的教学下），它们都是很适合孕妇的运动方式，可以强化核心，也有助于放松。但是，作为一个腿筋太紧的男人，我几乎不能碰到自己的脚趾。一想到要在公共场合模仿各种好似动物的姿势——面朝下或是其他动作——我就恐惧得想要吐出来。但抛开姿势不谈，这门课程实际上着眼于一些精妙的按摩技巧，男人们可以用在他们待产的妻子身上。显然，我的妻子不断地提醒我——通过对疗养温泉音乐和茶灯咬牙切齿的方式——那就是我在背部按摩方面远不如刚刚在她身上示范的指导员。但是，瞧，我也在努力。

接下来是产前课程，和瑜伽一样，我对这门课程也有一种恐惧感，因为之前我听说了一些生育老师的传言，他们宣称自然分娩以外的任何分娩都是邪恶的。事实上，我太想当然了。这门课程的老师思想通达，多年来帮助了数百名女性度过怀孕和分娩，因而能从一个毫无一己之私的角度给我们提出分娩方式的建议，并欢迎所有的爸爸们来参与讨论。起初我们并没有打算在这种课堂上结交一大帮新朋友，也一直非常抗拒仅仅因为共同分享了一个成功怀孕的经历就进行交往，但是当宝宝出生后，能够得到感同身受之人的支持和那种同伴情谊堪称无价，于是友谊到来了。当然，这些人并不是老朋友和家人的替代品，而是一个惊人的群体。直到很久之后，我们才真正意识到这个群体的重要性。

要协助育儿，当妻子养育孩子时在后勤和管理方面起带头作用。

不要妄想在物价飞涨的情况下买下全部的婴幼儿产品。

阴道

——不同的分娩方式

医者之谈

现在你不仅能观察到妻子日益隆起的肚子，还可以感受到宝宝在其中踢动。不过当你专注于妻子肚子的变化时，宝宝将以何种方式降临到这个世界的疑问也同样占用了你的精力。除非你的妻子在超市里或是汽车后座上意外产子，不然你非得细细考量一下要在哪里迎接这个新生命的到来。你可以选择在家中、助产单位和医院产科接生。但如果你的妻子是高危产妇，她可能需要一个产科会诊医师作为护理人员，并且最好在医院待产。你还要了解所有可能减轻分娩疼痛的方案以及它们的镇痛原理，以帮助你们共同制订一个生育计划。所以，都有哪些选择呢？

· 家中分娩

如果是无并发症、低风险的妊娠类型，可以询问一下医疗团队有没有可能在家中进行生产。虽然这听上去很可怕，像是一种绝不能发生在厨房水池旁和客厅地毯上的经历，但是对于许多夫妻，包括第一次生孩子的产妇来说，在家生孩子是一个不错的选择。整个社区的助产士团队都会全力为你们保驾护航，他们会在分娩前的几周里深入了解你们夫妻的情况，而另一方面，在家里熟悉的环境下生产可以减轻压力。你甚至可以在家里租一个分娩池，这正是你亲力亲为的理想时机，比如检查水压、电泵，在那个大日子到来之前准备好所有适配的阀门配件。与其他方式相比，在家中自然（非诱导）分娩的概率较高，而施行医疗干预（例如使用手术钳或剖宫产）分娩的概率较低。你的妻子依然能够通过经皮神经电刺激（TENS）[1]治疗仪或是麻醉混合气体（gas and air）来缓解疼痛，这些会在本章后面进行讲解。但是，不能使用更为强效的止痛药和硬膜外麻醉[2]。当然，如果出现并发症状，你与医院援助之间的距离将犹如天堑，但请你记住，助产士会在一旁监测产妇和宝宝的情况，一旦出现问题就能立即建议你转送医院。在产后，他们甚至会帮你整理房间，而你们也不必离开自己的床过夜，这其中的好处是不言而喻的。

·助产单位

助产单位也被称为生育中心或分娩之家，可被分为两种类型。一种单位是"独行侠"，它们没有实际所属的医院；而另

---

[1] 一种非药物无创止痛法，通过温和微量的电流刺激知觉神经达到止痛的效果。

[2] 即将局麻药注入硬膜外腔，阻滞脊神经根，暂时使其支配区域产生麻痹。

一种单位则专门设立在医院旁边，不过上述两种单位都只配备助产士。它们通常没有那种医院产科病房的氛围，有些会设置类似于温泉浴场的布局，并摆放有舒适的椅子、泡沫填充豆袋包和分娩池。这些助产单位建设的目的是为了让分娩的过程远离医学的条条框框，并启发夫妻们自然分娩的真谛。因此，这里欢迎一切按摩、香薰疗法、昏暗的灯光和你以前准备好的音乐播放列表。缓解疼痛的方式则包括经皮神经电刺激（TENS）治疗仪麻醉混合气味以及分娩池。同样，你的妻子不能进行硬膜外麻醉，因为这需要麻醉师介入操作（更多内容在本章后面）。和家中分娩一样，在助产单位进行辅助器械分娩的产妇比例很低，如果你的伴侣是初次生产，不想在医院分娩也对在家中分娩感到不适，这可能是适合你们的选择。同理，如果助产单位是独立类型的机构，在出现并发症概率小的情况下，很可能会延迟转院，但如果助产单位和医院产科中心毗邻，那么短时间内安排转院就很容易实现了。

· **医院分娩**

最后一个选择是医院妇产科——也称为"分娩病房"或"产科中心"。无论需要与否，每所医院都招有全职助产士、产科医生、麻醉师，有必要的话儿科医生也会时刻待命。有些低风险产妇也选择在医院生产是因为她们知道医疗团队的鼎力支持是一个极大的安慰。而对于那些高风险以及在怀孕期间或曾经发生过并发症的孕妇，在妇产科分娩可能是最为安全的选择。监测孩子的设备日夜运转，因此，在分娩过程中任何胎儿窘迫[①]状况的发生都可以被迅速识别并采取行动。同时，医院会提供一切缓解疼痛的方案，除了分娩池，有些医院没有配备给你的妻子，假设你需要，麻醉师会着手进行硬膜外麻醉。产妇在这里感觉更像是在医院看病，分娩期间医疗干预的可能性也更高——但往往是有充分理由的。

· 如何选择

选择常常是踌躇难定的。站在你和妻子的角度上考虑，最好的出发点是基于这次的怀孕情况咨询医疗团队，哪种方案可以兼顾安全和可行。每次怀孕都有各自不同的特点，因此，在你表亲、同事或隔壁邻居的妻子身上神乎其神的方法可能并不是最适用于你们的，提供给你的建议常常会带有偏见或毫无根据的主观色彩，所以，要尽量把注意力集中在你们两人认为最好的选择上，并融入医疗团队的建议。许多机构会为孕妇和她们的伴侣提供参观讲解服务，这样，你就有机会亲眼看到相关医疗设施和医务人员。即使你的妻子心里已经有了心仪之选，我仍然强烈建议你们两人在分娩之前亲身拜访，熟悉周围的环境。哪怕只去一次，当时机来临之际也能倍感安心。提前探查

---

① 指胎儿在子宫内因急性或慢性缺氧危及其健康和生命的综合症状。

一下汽车入口位置、在哪里停车、接待台所在位置、内有什么设施，当你之后再次带着临产的妻子到达时事情会变得简单许多。当产妇临盆之际，选择在一个平静祥和的周末与停车场、门禁电话和糟糕的路标作斗争总比在宫缩迅猛袭来时要好得多。

· **止痛之法**

哪怕你并非无所不知，也应该知道妻子生产时的宫缩以及婴儿通过阴道的过程是何等痛苦，但如今一切都不一样了。多亏了现代医学，你的妻子有很多方法可以来缓解疼痛。即便依然只有一小部分女性会认为分娩是件轻松的事情，分娩的疼痛几乎能被稳定地控制在可接受的范围内。作为孕妇的丈夫，你需要知道哪些方法是可行的，而什么时候以及什么情况下它们并不适用，以便为你妻子的决定提供参考，成为在她分娩期间支撑的力量。

让我们先从那些不需要麻醉和药剂的方案开始：你本人就是一剂良药！来自"镇定自若、明智在握"丈夫的鼓励、情感支持和安慰对于整个分娩过程中产妇承受疼痛的积极心态有着巨大的影响。在电视和电影中常常可以看到，平躺着分娩很难发挥出最大的效率和镇痛作用，因此你应该鼓励你的妻子尝试不同的体位来开拓产道，例如前倾、轻轻摇摆身体或是用前臂支撑着蹲下。掌握一些按摩的技巧，你就可以缓解你的妻子背部和骨盆部位的疼痛。这些方法随时随地都能使用，尽在你的手中。我之前建议你进行身体锻炼不仅仅是为了在接下来的几周里抱孩子，如果你工作到位，那么分娩对你来说也同样意味着辛苦的体力付出。不过要注意的是，永远不要抱怨你累了想要撒手不干。

无论是在家中新近安装的分娩池里，还是在助产单位中长久使用的高规仪器里，很多女性曾经反映，在温水中分娩和生产可以缓解疼痛同时获益良多。假如你的妻子打算使用这个方法，并不是说她必须一直待在池子里。分娩早期洗热水澡有助于抑制宫缩，而在孕妇下背部或腹部进行热水冲洗也能有所帮助。在分娩池里，不但能缓解产妇的不适感，还可以让她在分娩时保持一种自然的姿态，比如蹲姿。

不是所有女性都想选择在分娩池的水中生产，假如你的妻子想要在生完孩子前离水是完全没有问题的。同样，由于宝宝在离开母体后依然会从胎盘和脐带中汲取氧气和营养，因此，宝宝可以快乐地在水下出生，也不会有任何差错。温水覆盖着阴道入口和会阴处（位于阴道和肛门之间的区域），也有助于软化和放松皮肤，从而在婴儿头部通过时拉伸舒展。水中分娩的方法适用于低风险和无并发症的孕妇，在此期间，助产士需要定期使用手持多普勒仪来监测婴儿的心跳，如同产妇在产检中所做的那样。任何心率的变化都可能是出现胎儿窘迫的信号，如果助产士担心孩子的安危，会鼓励你的妻子尽快离开水池。分娩池可以降低产妇对其他止痛药物的需求，但过早进入其中会减慢分娩的速度，所以，大多数的机构不会建议你的妻子使用分娩池，除非生产进程趋于顺利并且她的宫颈至少扩张了5厘米（大约一半）。下一章会着重讲述这方面的内容。

如今的科技成果可以说是为人类服务的，所以为什么不物尽其用呢？请允许我介绍一下经皮神经电刺激（TENS）治疗仪。经皮神经电刺激治疗仪可以通过购买或租用的渠道获得，使用方法是将3到4个胶垫置于使用者背部下方，然后经电线连接至一个能发出电脉冲的小型手持设备，电脉冲的强度可以由使用者控制。有理论认为，这种仪器产生的脉冲会刺激身体内天然产生可减轻疼痛的荷尔蒙内啡肽，同时部分阻断从脊髓向大脑传递痛感的神经，以达到使用目的。一些女性发现经皮神经电刺激在分娩早期极具疗效，但没有足够的依据证明经皮神经电刺激在产妇真正进入分娩后的临床运用，这种机器操作便捷，不过，我依然建议你们在生产前先自己在家动手试试，买几套垫子练习一下。分娩时早早使用能让它的效益达到最大化，你的妻子可以根据自身需求增加电脉冲强度。当然，垫子会妨碍到背部按摩，记得不要把机器放在靠近水的地方（如浴缸、淋浴和分娩池等），电脉冲遇水是十分危险的。而在使用得当的情况下，母亲和婴儿才不会受到任何危害。

如果你曾经在电影中看到过孕妇在医院生产的场景，也许会注意到当子宫开始收缩时，产妇会戴上一个吸气装置。这个设备能供给"麻醉混合气体（Entonox）"，即一种由一氧化二氮（又名笑气）和氧气组成的混合气体，可以通过面罩或口罩吸入，大约需要 20 秒才能发挥作用。因此，你的妻子要在宫缩开始时便立刻开始吸气——长时间深呼吸效果最佳。每个人对此的反应各不相同，但和灌下一大堆啤酒后的感觉差不多。这并不能完全消除疼痛，却能让人更加温顺平和。有的女性在吸入气体后想要呕吐或出现头晕目眩的症状，然而，一旦她们停止吸入，副作用很快就会消失。麻醉混合气体适用范围广，如果你选择在家分娩，助产士会给你带上一个气瓶；在医院和助产单位里，墙上的供应端口则随时可供取用。

位于止痛手段阶梯顶端的是硬膜外麻醉。这是一种专业的局部麻醉剂，能够麻痹连接产道和大脑之间的痛觉神经，从而大大减轻多数女性的疼痛感。同时，它也不会引发其他一些强效止痛药物导致的恶心或嗜睡等副作用。作为一个专业的手术，硬膜外麻醉只能由麻醉师进行，所以，并不适用于家中或助产单位分娩的情况。麻醉师们通常十分繁忙，因为他们需要处理整个医院范围内的大量紧急情况，包括剖宫产。尽早地通知产室医务人员你的妻子可能需要进行麻醉，以便让他们制订计划，从而防止延误发生。如果你的妻子分娩持续时间长，所受痛苦大，进行硬膜外麻醉似乎是一种不错的选择，但因为这种方法会减缓分娩的速度，助产士常常建议不要过早地施行，如果你的妻子已经准备好开始用力了，最好在后期也同样避免施行麻醉，因为当分娩进程到达推挤或第二阶段时身体太过麻木可能会致使你的妻子难以将孩子推出阴道外。而对于使用硬膜外麻醉的女性，辅助分娩的风险也更高。

以下是那些老练的麻醉师如何完成硬膜外麻醉的步骤。首先，一根连有细塑料管或套管的针头会插入你妻子的手臂或手部静脉，医疗团队通过这种"点滴"将液体输入血管中。硬膜外麻醉可能会引起产妇血压降低，在麻醉过程中，增加一些额外的药物能够抵消这类影响。然后，麻醉师会要求你的妻子坐在床边，保持前倾不动的姿态，这正是需要你搭把手的关键时刻。当你的妻子晃动身体时，麻醉师在离脊柱这么近的地方插针是很危险的事。所幸的是，大部分女性在这个过程中能够维持足够长时间的静止直至工作完成。下一步，麻醉师会清洁你妻子的背部，用局部麻醉剂进行小剂量注射，从而麻醉下背部分娩相关位置的皮肤。脊椎之间将被穿过一根针（没有听上去那么可怕），直达脊椎神经周围的空间。针被细塑料管推入该部位后将再次取出，局部麻醉剂可以通过细管注入并麻醉脊柱下部的神经。接下来的时间里，细管会连接到一个装有药物的泵上，这样助产士和医生就能在需要的时候及时做补充。你的妻子腰部以下位置将逐渐开始麻木，她的腿可能会变得非常沉重，站立或行走都会变得困难。一旦硬膜外麻醉到位，分娩进程便会放缓，这也是在此过程中产妇无法移动位置的原因之一。为了解决这个问题，一些医疗机构提供低剂量的所谓"移动式硬膜外麻醉"，目的是让产妇在分娩期间能够移动——这是一个绝对值得和助产士讨论是否采纳的技术。无论最后选择了哪种硬膜外麻醉方法，在分娩时产妇和她的宝宝都需要被小心监测，以确保没有胎儿异常症状发生。胎心监护（CTG）正是监测情况的体现。两条大皮带绑在隆起的腹部周围，每条皮带上都附有一个圆盘：一个负责测量婴儿的心率，另一个用来检测宫缩。医疗团队最后会一一分析心电结果，并制定之后的应对方案。

硬膜外麻醉生效后，许多女性便失去了对小便的控制，因此需要通过导尿管（经尿道插入膀胱之中的小塑料管）将尿液排入袋中。这根导尿管可能要在解除麻醉后继续放置长达 12 个小时，直到膀胱重新开始工作。

另外，在麻醉失效后，你的妻子可能会觉得下背部产生了一些不适感，一般会在 24 小时后消失。大约每 100 个女性中有一个会在使用麻醉后感到头痛，这是由于脊柱和大脑周围的液体可能会从针眼处渗漏。不过，头痛是可以缓解的。但如果痛感迟迟不退，可以在针孔上滴几滴你妻子的血。

因此，虽然硬膜外麻醉听上去很吸引人，但除了带来缓解疼痛的好处外，这种方法并不是没有随之而来的副作用的。而且由于各种管子和电缆的存在，你的妻子在分娩时会备受限制。正如所有和怀孕有关的决定一样，你们必须仔细衡量利弊，优先保证母亲和孩子的健康和快乐体验。

· 正确的路

怀孕的最后几周，医疗团队会越来越关注胎儿在子宫中的位置。对阴道分娩而言，宝宝处于一个倒立的姿势是最为理想的情况。看看你妻子的背部，胎儿的后脑勺（枕骨）应该正朝着她的肚子。

但就像大人一样，小孩子也是会有出格举动的。有些婴儿可能会侧躺（称为横位）在子宫里，有些则是屁股向下或脚冲下（称为臀位）。大多数胎儿在怀孕 36 周前会转为倒立，但是 3% ~ 4% 的婴儿依然保持着原先的臀位或横位。接生后面两种胎位的婴儿难度要大很多，而且还会增加阴道分娩的风险。因此，如果这位小位移者在 36 周前还没有摆到正确的姿势，医疗团队可能会采取一种被称为外倒转术（ECV）的技术。在这个过程中，产科医生或助产士将尝试借由推拿母亲的腹部来使婴儿移动到头朝下的位置。这种手术一般在医院里进行，也许会有不舒服的感觉，但是，在 50% ~ 70% 的概率下是有效果的。如果成功了，你的妻子就能拥有一个更加安全的阴道分娩条件。有的机构允许产妇在特定情况下分娩臀位胎儿，但要确保所有的风险都已经向产妇及其丈夫解释到位，并且主操的产科医生和助产士要有相关的接生经验。如果外倒转术没有成功，胎儿还维持着臀位或横位，剖宫产就会被提上日程了。

为父者说

作为我们夫妻二人，我承认，当我的妻子说她想尝试一下催眠助产时，我保持非常怀疑的态度。我无法想象那些舞台催眠表演所展现的视觉效果，例如一群仿佛已经丧失了自控能力的成年男子像小鸡似的舞动，因此，我也无法想象我的妻子生产时，将如何在一个充满着分娩池、麻醉混合气体乃至于剖宫产的世界里。但毕竟我不是那个马上就要用阴道生出孩子的人，所以，只好满怀着惊喜交加的心情同意了她的决定。催眠助产对于外行人来说，意味着要结合冥想和深呼吸练习来改变自身心态，旨在放松身心、减轻焦虑。放心，你并不会因此而失去意识、受到控制或突然相信自己能够飞行——这的确是有关怀孕的一种正念①疗法。你和妻子可以通过上课、看网课或者是听音频的途径学习相关技巧。另一方面，宫缩也被重新赋予了"波涌"的别名，整个分娩过程从一个可怕而痛苦的经历开始转为缩短你和宝宝之间距离的高效前行历程。紧随呼吸法的脚步，

---

① 正念是一种稳定的心理状态，以正知来修行念，即为正念。

聆听冥想音轨中浪潮拍击海岸的舒缓声音并不能降低分娩时出现并发症的概率，但它能让你的妻子感到放松，因而减少肾上腺素的分泌，让分娩的好伙伴荷尔蒙催产素流动起来。我认为这值得一试。退一万步说，它至少能引领人度过那些令人焦躁不安的分娩时间。

如果肚腹按摩、腿部按摩再加上催眠助产的放松活动还不能让一位尽职尽责的准爸爸尽兴，而且你也真的不想让手闲着，那么，还可以考虑会阴按摩。一些研究表明，从怀孕 34 周开始，按摩会阴（阴道口下部和肛门之间的区域）可以降低撕裂和使用外阴切开术的概率，从而减轻阴道分娩后的疼痛。你的妻子可以自己按摩，频率最好是每天一次或隔天一次，或者，在得到她的允许后，你也可以学习这种"按摩"技术。我把话说在前面，这不是什么性感火辣的体验，是一种真正实用的"锻炼"，能减少未来分娩的风险。会阴按摩主要包含了对阴道和会阴部皮肤的小幅拉伸活动，最简单的办法就是让你的妻子舒服地躺在床上，将枕头垫在背后，膝盖微微弯曲并向两侧岔开。在使用大量无香天然油脂，如橄榄油、葵花籽油或葡萄籽油后，轻轻地将一两根手指插入阴道至 3 ~ 4 厘米处，并对肛门侧部位施加温和的按压，同时你的手指要在她的大腿上从内向外移动。这种感觉一开始可能会让女方感到很别扭。我们的这个方法——因为没有更合适的词——实际上是把按摩技术与催眠助产结合一体，伴随着呼吸和放松手段，帮助孕妇缓解不适感，这是一种相当温和的实践手段。通过上述讲解，可以成为会阴按摩私教，给简历添上亮丽的一笔。

·书写计划

当仔细考虑完全不可行的分娩生产选择后，我们便拿着纸笔一起坐下来写生育计划。你的妻子最好写一份自己的所愿所想，这样到临产的时候，所有帮助照顾的人都能快速准确地领会她的想法。爸爸们应该参与进来，在分娩的过程中，你很可能要担起主要支持者的责任，因此了解妻子的喜好是十分重要的。生育计划要遵循两条黄金法则。首先，简洁明了。它应该是一份迅速完成的小结——最多写满 A4 纸正反两面——没人有空读一本书那么厚的愿望、梦想以及宝宝出生后所戴帽子的颜色。其次，这只是一个计划，而计划都是灵活多变的，你们夫妻俩要秉持着豁达的心态，因为即便是到了最后一刻，为了应付未知的情况，计划依然可能发生改变。不要一条路走到黑，毕竟理想很丰满而现实很骨感。如果事情没有分毫不差地按照原定计划发展进行，灵活的设计和开放的心态可以降低挫败感。无论发生什么，首要任务一定是母子平安。

在网上有大量的生育计划模板可以作为参考，下面我列举了一些你们可以讨论的事情，包括如何让生活变得轻松一些。假如有什么不合理的地方，下一章里更多内容将帮助你做出明智的选择。

——决定好你的妻子想要让谁出现在分娩的现场（陪伴者），以及如果她需要进行辅助分娩（产钳、吸引器或剖宫产），这个人选会不会改变。

——她愿意接受哪种止痛方案，以及这些方案的选择优先级。不要忘记加上按摩和催眠助产呼吸法。

——你的妻子想在生产时采用什么体位？她想使用分娩池、分娩球还是放松垫和豆袋式装置？

——你希望全程监控宝宝分娩的过程吗？如果是，怎么监控？方法包括手持多普勒超声仪和更为详尽的胎心监护仪（CTG）器。记住，为了安全起见，在施行一些镇痛和分娩方法时要保证实时监测。

——是由你来剪断脐带，还是由医疗团队处理？你想要在脐带停止搏动后再剪断它吗？

——你的妻子想要主动还是被动（自然）地进行第三阶段分娩（胎盘分娩）？在什么情况下她有可能改变主意？

——根据分娩方式的不同，都有谁能够和宝宝肌肤相亲呢？给爸爸一点儿接触的时间吧。

——宝宝出生后是通过注射还是口服获取维生素K？

——如果你的妻子或宝宝在分娩后身体不适，你会怎么做？如果你的宝宝需要被送至婴儿特别护理部（SCBU）被照看，你是和宝宝一起去还是留下来陪伴妻子？有谁能给你提供进一步的帮助？

当你制定完简明扼要的生育计划后，就把它贴在妻子产科病历的第一页上，以便让它在妻子临产时的一片混乱中能被顺利带往医院。

· 她想要的 ·

要全面了解所有选择，知道哪些可行且能满足分娩期间妻子的愿望。

不要因为未来发生的事情没能按照原定的计划进行而不知所措。

子宫颈

——分娩的诠释者

医者之谈

经过大约 40 周的等待，"盛大之日"终于到来了。没有人确切地知道促使分娩的动因是什么，但是对于事情的发展轨迹以及每种选择的可行性了解越深，越有助于缓解随之而来的恐惧。记住，"足月"宝宝是指在怀孕第 37 周至 42 周之间出生的婴儿。如果你的妻子在怀孕 37 周前就出现了分娩的迹象，你需要立即前往就医。

生产分为三个不同的产程。在第一产程，产妇的身体自发地为下一产程（即分娩）将婴儿推挤出阴道做准备。而第三产程就是所谓的胎盘分娩。这些过程听起来很简单，但就像生活中的大多数事情一样，看起来容易做起来难——不信的话，问问任何一位生过孩子的女人吧！

· 解剖课程

阴道往里便是子宫的颈口处，即子宫颈。现在想象一瓶倒挂着的葡萄酒，其中，包含酒液的部分对应着子宫和子宫颈。当然，它们可比酒瓶子要柔软得多了，也没有那么"醉人"，不过，还是听我说下去吧。在生产过程中，子宫颈会张开以便让宝宝通过，同样分为几个阶段：首先，子宫颈部软化，然后收缩——就像酒瓶颈部缩小一样——最后重新扩张，直至其直径达到宝宝能够通过的 10 厘米宽。这个打开的过程就好比是酒瓶颈部变宽从而让更多葡萄酒流过的情形。助产士会用手指测量子宫颈的宽度或是开口程度，看看产妇的生产进行到了哪个阶段。

生产的第一产程又分为两个阶段：潜伏期和活跃期。宫颈的软化就是从潜伏期开始的，持续时间少则几小时，多达好几天，并可能伴随着不规则的宫缩。活跃期一般从子宫颈开了 4 厘米时算起，宫缩变得富有规律，子宫颈也开始稳步扩张，直开到 10 厘米，足够让婴儿的头部通过。第二产程由此开始。

·何以为始?

有几个现象预示着第一产程的起始点，不规则的宫缩伴随着抽筋的腹痛或者下背部疼痛便是其中之一。

有的产妇会产生一种鼻涕状的黏稠分泌物，俗称"见红"，这是来自子宫颈的黏液栓——如果你还记得前面打的比方的话——它就相当于酒瓶的软木塞。没有也不要感到惊慌，很多女人都未排出过这个。

然后，你伴侣的羊水可能会破裂。在保护婴儿的羊膜囊中含有大量液体，当羊膜囊破裂时，羊水会从阴道漏出。通常情况下，这并不像电影里描绘得那么夸张，宛如一个巨大的水坑淹没了女人腿下的地板。一般情况下，你的妻子只会注意到一股稻草色或淡粉色的液体顺着大腿流下来，甚至怀疑是自己尿裤子了。对于很多女性来说，这种情况多发生在夜晚的床上，所以最好在内裤中垫上卫生巾以防万一，助产士也能因此得知流出液体的多少。如果你判断不出这些液体是否是尿液，那就简单地闻一下床单或者垫子，气味揭示了全部真相——是散发着氨味的尿液还是发酵的羊水？谁说你的丈夫不能参与其中？羊水一般在宫缩开始前破裂，而大多数孕妇会在这之后的24小时内分娩。如果宫缩开始后还是没有羊水破裂的迹象，请你镇定，有的婴儿出生时甚至还包裹在未破裂的羊膜囊里。因此，就像"见红"一样，没有羊水破裂的迹象并不等于不会分娩。然而，羊水一旦破了，宝宝将不再免于感染的威胁，所以，保持阴道和产道的清洁是很重要的。除了医疗团队检查的时候，任何东西都不应该进入孕妇的体内——没有性生活，没有卫生棉条，什么都没有。假如在24小时后依然没有分娩的迹象，你的医疗团队可能会考虑催产，因为超过48小时感染的风险会大大增加。

·紧急呼叫

多数产妇在生产的潜伏期可以待在家里——事实上如果产妇太早抵达助产单位或医院，甚至会被送回家中。潜伏期会持续很长时间，当处于家里轻松的氛围中时，这个阶段有可能会缩短。

但在一些情况下，产妇应该立即联系你的医疗团队，他们会和你共度生产的准备活动。首先，如果羊水破了，一定要马上告知他们。随着时间的推移，感染的风险也在增加，医疗团队需要时刻关注事态发展，以确保在生产开始时你的妻子没有出现任何感染的迹象，例如发烧。

另一种情况是你的妻子在怀孕期间被诊断为 B - 族溶血性链球菌（B 族链球菌）阳性——这是一种常见的细菌，可以在阴道内生存——它可能需要在生产期间静脉注射抗生素以防止感染。

流出的羊水应该是稻草色或者淡粉色，而如果是暗色、棕色、绿色或者伴有味道，请告诉你的助产士，这意味着胎儿已经排出了它们的第一次粪便，也叫胎粪，藏于子宫中，可能是胎儿窘迫的征兆。同理，宫颈黏液栓中混杂少量血液也是正常现象，但如果出血现象加重或持续性出血，便是有问题的信号了，因此要通知医疗团队。还有例如宝宝的移动频率低于正常水平、移动模式发生了变化以及你或你的伴侣在生产的前期阶段需要其他支持援助，也可以给他们打电话。

作为伴侣，和你的爱人独自在家分娩可能是一段令人感到胆怯和恐惧的经历。记住，你是在支持妻子生产，而医疗团队不能忽视你在这其中担当的重任，反过来，他们也会在外边给予你帮助，无论是面对面还是通过电话。所以，如果你心怀担忧，就打电话给他们寻求安慰或建议。医疗团队听到过太多"愚蠢"的问题，你的任何提问都不会让他们感到惊讶，只要你想到了就说出来。

·帮助伴侣

宫缩是由子宫肌壁收缩引起的，这种收缩的力量将婴儿推入骨盆，最终通过产道。许多女性出现过"演练性"宫缩，也就是假性宫缩（Braxton Hicks），尤其是在临产的最后几个月比较常见。假性宫缩可能会引发轻微的痉挛，却不会让人感到痛苦，属于为分娩做准备的正常热身活动。分娩的感觉是很难凭空想象的，特别是当你从未经历过痛经和痉挛的时候。但是，如果你上网看一看就会发现，视频里的男人们用腹部的电击来模拟这种疼痛时是多么难以忍受。

虽然你可能无法感同身受，但这并不意味着你帮不上忙。对于初为人母的女性来说，分娩的潜伏期平均持续时间为6～20小时，但也可能会更长（如果曾经生育过，那么这个时间会短一些），因而她们需要大量的鼓励、安慰和耐心。自然界中许多哺乳动物选择单独前往一个黑暗、寂静的地方分娩。所以，制造安静放松的环境可能会对你的妻子有所帮助，哪怕她并不想独自一人。安静而放松的生产氛围是帮助产妇度过这一时期的最好办法。生孩子需要消耗大量的能量，为此你要为妻子准备一顿她喜欢吃又富含碳水化合物的简餐，在宫缩加剧和饥不择食前摄入卡路里。同时也要确保自己吃饱肚子，不会有人希望爸爸在产房因为 12 小时没有进食而昏倒的。

如果是在晚上分娩，鼓励你的妻子在宫缩期间尽可能地休息，此刻节省的能量必在将来得到回报。反之如果是在白天，那么适当的散步也会有帮助，还能顺便打发时间。打开你最喜欢的盒装碟，或者看几部喜剧——选择做任何能让你的心情放松和分心的事情。假如妻子开始感到不舒服，试着洗个热水澡或持续使用经皮神经电刺激（TENS）治疗仪。记住几个可能助产的不同姿势，比如蹲姿或跪姿，甚至可坐在分娩球上。按摩技巧也可以开始上身预热了，但不要太快地使出全力。另一方面，在分娩产生的剧痛中小便是很容易被遗忘的，提醒你的妻子要定期上厕所，排空肠道和膀胱以便在盆骨部位留出更大的空间让婴儿通过。在宫缩变得难以承受之前，确保所有的东西都装进了要带去医院的包裹里，然后和妻子最后一次共同检查生育计划，明了双方各自的意愿。

随着生产的继续，宫缩也将延续很长时间，并变得富有规律，强度也更大。对于一些人来说，淋浴或是洗个热水澡可以缓解压力，而另一些人则想要喝着冷饮感受窗外清凉的微风。为生产前期准备一个冰袋，不管是想要用来冷却水温，还是在体温升高时敷在手腕和前额上都能派上用场。

·事态发展

重要的一步是能识别出你的妻子何时进入了分娩的活跃阶段，因为在这个时候，你应该立刻联系医疗团队，并准备好去助产单位或医院的汽车、出租车及联系能够接送的朋友。理论上分娩的活跃期始于宫颈扩张至 4 厘米的时候，但是，没有人会建议你把手指伸进阴道来计算出你妻子的宫颈开了几指。因此计算宫缩次数和持续时间是估算生产进程的关键。谢天谢地，有无数免费的 App 程序能给你提供捷径，只要在宫缩开始时简单地点击屏幕，而停止时再点击一次，它就会为自动你进行计算。假如你愿意的话，它甚至能为助产士和医生提供一些看起来很漂亮的图表数据。在生产前先用你选定的程序练习一下，以熟悉它的功能。第一产程活跃期起始的判定标准是宫缩持续超过 45 秒，并且在 10 分钟内出现三次或三次以上。但是不要成为秒表的奴隶，过度关注时间会破坏心情、降低效率。如果你的妻子感觉事态有变，就听从她的指挥，向你的医疗团队寻求建议。

一旦活跃期开始，助产士可能会向你们询问是否可以做一个内部检查，看看产妇的宫颈扩张了多少。虽然有些女性并不乐意，但是检查的结果可以作为观测生产进程的有用参考，因此，请和你的医疗团队讨论一下内检问题和能够检查的时间。体内检查会略微加剧宫缩的痛感，所以，要准备好帮助妻子一起度过这个阶段。活跃期通常会持续 6～12 个小时，如果产妇是初次怀孕，医疗团队会一直密切关注胎儿的胎心率。随着进程推进，协助你的妻子服用之前决定好的止痛药，并成为她的依靠，在她被其他事情绊住时将她的需求传达给医疗团队。如果计划有变，在尽可能完整保留产妇愿望的基础上，你可能会成为最适合与医疗团队进行讨论的人。

在第一产程的结束与第二产程开始之间，有一个常常被忽视的阶段被称为过渡期。过渡期中每个女性的反应都各不相同，但是，这个阶段往往会成为那些悲喜产时故事和疯狂时刻的高发时段。它一般出现在宫颈扩张至 8～10 厘米时，有的产妇变得非常情绪化，有的产妇会突然觉得她们无法继续分娩——我甚至见过有的产妇要求马上出院。陪伴者完全被这些状态所困扰，只能发出奇怪的声音或下达看起来十分不理智的命令。作为陪床的丈夫，你必须要保持冷静，并提供安慰和支持，永远不要试图去分析、理解那些你不理解的行为。你的妻子会挺过去的，所以，为了让她坚强起来，告诉妻子她取得了多么惊人的进步以及你们离新生的宝宝距离有多近。假如妻子安然无恙地渡过了这个难关，静静地为她祝贺吧。

·出生本身

度过永恒的时间之后，宫颈将开至惊人的 10 厘米宽，达到"充分扩张"，进入第二产程，也就是推进期了。经历几个月的等待，你的宝宝即将顺着产道第一次来到这个世界。督促你的妻子尽可能多地保持活动，尽管在硬膜外麻醉后她沉重的双腿会让这件事变得非常困难。很多女性把这个阶段描述为"拉大便"，你可以想象一下近距离观察一个保龄球的传递过程。每次宫缩，医务人员都会让产妇用力，然后在下一次宫缩前休息片刻。这个时候你的鼓励是至关重要的，告诉你的妻子，她每一次尽力地推动都能让宝宝越来越接近出口。这是生产最为困难的时刻。因此，如果你晕血的话，可以坐下来或是把目光从产床上移开；但若是不害怕，并且你的妻子很愿意你见证这一时刻，那就参与进来，你将会坐在生命中最伟大的奇迹之一的身旁——当新生命诞生同时是你的孩子时，这种感觉就更加特别了。扛住了血液的考验，你可别忘记还有同样倒胃口的便便。"像拉大便一样用力"的生产方法可能会排空其他的东西，包括肠道。所以，如果你的妻子使用的是分娩池，那么就准备好把漂浮物捞走吧。不用谢！

希望用不了多久，你就能看到婴儿的头顶从阴道口探出来。只要你的妻子想，她就可以轻轻向下摸一下——有时候这会给产妇带来非常大的鼓励。当头部最宽的部分通过阴道时——这个过程被称为"着冠"——产科医生会帮助引导婴儿头部慢慢通过。他们会对会阴施加压力，以减少撕裂的概率，因为此时阴道入口正在伸展，以便让婴儿最宽的部分通过，这时候你妻子的呼吸方式就很重要了。医生或助产士会鼓励她轻轻喘气或呼气，以防她因为过度紧张而让婴儿的头部探出太快。假装自已用一口气吹灭六根蛋糕蜡烛的力度深呼吸，这就是你妻子想要体会的效果，你可以和她一起呼吸，尝试找到感觉。

你漂亮的、看起来有点黏糊糊的宝宝终于出生了。恭喜你！宝宝刚出生的时候可能看起来有点儿恹恹，而且也不总是像电影里那样哭得很快。出现这种情况时，你不要惊慌，该来的总会来的，医疗团队也会密切关注新生儿的情况。有时需要一些抚摸来刺激他们开始自主呼吸，并继续从胎盘中获得氧气和营养，直到脐带被剪断。

如果宝宝身体健康，助产士及医生会根据脐带的长度，把他们放在你伴侣的胸口或肚子上。

婴儿出生后的第一个小时，皮肤相贴能很好地维持婴儿体温和舒适感，因为他们仍然可以听到母亲熟悉的心跳声，这是他们在过去的 40 周时间里最原始的音乐。只要宝宝无须医学看护，医疗团队并不会在第一个小时就把他抱离母亲身边——身体测量和称重可以等等再说。这是一个重要而特殊的时刻，你们开始作为一个崭新的家庭联系在一起。假如产妇愿意，她可以尝试着进行母乳喂养。如果你的伴侣刚刚做过剖宫产手术，你抱着孩子是完全可以的；但如果是自然分娩，你便是第二人选。把身上的衬衫脱掉，或是隔着医院的消毒服给宝宝第一个作为父亲的拥抱，深深地吸一口气，宝宝闻起来香喷喷的！

·更多更多

脐带需要被剪断,最后胎盘也会脱落——这是分娩的第三阶段。纵观历史,常常胎儿一出生医生就会夹住并剪断脐带,但是,如今我们知道延迟这一时刻是有好处的。在出生后的几分钟内,脐带还会继续跳动,将血液和干细胞泵入宝宝体内。现代的医学建议,如果可以,等到脐带停止搏动或至少在 1～5 分钟后再处理脐带,增加流向婴儿的血液量可以减少其贫血的概率。还有证据表明,这样做有助于强健宝宝的运动神经和社交天赋,尤其是对于男孩来说。但这一方法并不是什么时候都可行的,如果你的妻子正在大量出血,或是宝宝在分娩时曾出现不适及痛苦的症状,反而有必要更早地剪断脐带,以尽早对妈妈和宝宝实施急救。

一旦脐带被夹住,就可以剪断它了。站在医疗团队的角度他们会很乐意这么做,但一般会征求一下陪护人是否想要亲自动手。他们会给你一把特制的剪刀,并告诉你在夹子之间下剪的确切位置。脐带里没有神经存在,所以,妈妈和宝宝都不会有任何感觉。在这个阶段唯一可能触动的"神经"只会是你自己的。要注意脐带可是相当坚硬的,就像一块带有软骨的牛排,所以,可能需要反复几次才能完全剪断。

最后排出体外的是胎盘,这个过程可以通过"生理性的"或"主动性的"方式进行。胎盘是一个巨大的、带血的、黏糊糊的蛋糕状物体，与肝脏的黏稠度相似。虽然在排出胎盘时，子宫会因为收缩而疼痛，但胎盘是如此柔软，当它通过产道时不会引起任何不适的感觉。"生理性"分娩胎盘意味着不借助药物的辅助，可能要等上一个小时才会完全排出，而助产士会在胎盘通过产道时轻轻地牵引脐带。生理性分娩胎盘的好处是完全无药物使用，因而避免了常见的副作用。

如果情况过于复杂，例如你的妻子失血过多，或者医疗团队有其他的顾虑，他们可能会建议产妇选择"主动性"分娩胎盘。在这种情况下，当宝宝出生时或出生后不久，医生会将催产素（有时与麦角新碱混合）注射到你妻子的大腿上部，从而加速胎盘的分娩，降低产妇产后大出血的风险。然而，这种药物可能会使你的妻子在短时间内感到恶心，甚至呕吐。

一旦将胎盘排出体外，助产士会仔细检查并确保胎盘完好无损。保留的胎盘段或羊膜囊碎片可以用于检测产妇在分娩后会不会受到感染或出血，所以，通过检测胎盘，医疗团队可以知道是否一切都顺利。如果你想看看胎盘的话，现在正是时候。

· 事与愿违

到目前为止，上述的三个产程听上去并不复杂，但是，我能看出你的疑问，那就是假如出现并发症会怎么样？我们都听说过分娩时的悲惨故事，但是，出于某种未知的原因，人们更倾向于讲述糟糕的经历，而不是谈论每天都在发生的喜人情节。当然，事情可能不会完全跟着计划走，所以事先警告是有必要的。

我们先来谈谈阴道撕裂和会阴切开术。当你不再心存畏惧时，我们应该面对这样一个事实：在分娩过程中出现撕裂的情况，尤其是当你的妻子初为人母时，是极为常见的。当阴道的肌肉和皮肤拉伸以便让婴儿的头部通过时，它们通常无法保持紧绷的状态，进而导致撕裂发生，一般还会牵扯到会阴部位。助产士经过训练后，会在分娩时撑住会阴来进一步降低这种风险。撕裂程度按 1 到 4 的等级分级，4 级撕裂是最严重的。1 级撕裂只是非常轻微的皮肤破裂，不需要缝针就能自行愈合。2 级撕裂较为常见，一般会累及会阴肌肉，所以，通常需要助产士或医生在分娩后不久进行缝合。3 级和 4 级是较严重的撕裂情况，因为它们囊括了肛门括约肌（控制肠道开合的肌肉环）的撕裂损伤，其中，最严重的 4 级撕裂甚至会一直延伸到直肠内部。这两类撕裂都需要在手术室进行仔细缝合修复。在加以灯光照明后，产妇的伤口和痛感才可得到很好的控制，但在分娩后的一段时间内都会保有不适感。3 级和 4 级撕裂的女性在接下来的几个月内都可能会与肛门排泄障碍作斗争，不过在专业的治疗和护理下她们能够恢复正常功能。

如果胎儿在不借助外力的情况下无法通过阴道口，或者感到痛苦，助产士和医生可能会建议产妇做会阴切开术——在会阴上切开一个小口——帮助胎儿安全出生。切口通常与会阴右侧成一个角度，这样可以避开肛门括约肌，同时不会增加后续的肛门失禁风险。在开口之前，先要将局部麻醉剂注射至产妇皮肤中，这样对于那些没有进行硬膜外麻醉的人来说就不会产生伤害。作为一个陪护人员，在看到这一幕后可能会感到痛苦，所以，这又是一个需要转移视线的时机，但婴儿一旦安全"着陆"，会阴切口部位就会被缝合，和会阴撕裂时的处理方式类似。

如果单独的会阴切开术还不能让婴儿通过产道，或是婴儿处于一个不寻常的姿势、显示出痛苦的迹象，那么医生可能需要动用吸引器和产钳进行器械分娩。通常，会阴切开术能帮助宝宝早些出院。值得记住的是，这些手术不能在没有你伴侣同意的情况下进行。如果医疗团队认为会阴切开术是必要的生产步骤，必须确保你们搞清楚他们这样决定的背后原因。假如你的伴侣不愿意做手术，那么在下定决心之前，一定要问清由此会带来怎样的潜在风险。

胎儿吸引器看起来形似水槽柱塞，一般设有塑料或金属材质的罩子，可以连接到一个抽吸装置，在使用时放置到婴儿的头部，借由产妇的宫缩来对其进行移动。通过这种方式分娩的婴儿头皮与吸盘接触的位置经常会有一个类似沼泽状的肿胀，但会在短至几天、长至几个月内自行消失。

产钳看上去就像一把大型金属烤肉钳，用来夹住婴儿头部的两侧。同样，在宫缩期间，医生会用它将婴儿从产道中拉出。正如吸引器造成的影响一样，在产钳的作用下，婴儿头部或脸部一般会出现瘀伤，但也会随着时间的推移而消失。

通过吸引器或产钳分娩婴儿的过程可能有些粗暴。医生和助产士会指导你的妻子渡过难关，但她仍需要用宫缩将婴儿推出产道，医生则施加一股协助的拉力。放心，他们之前早已经成功无数次了。

如果不能经由阴道分娩，就必须另辟途径。产科医生会依照惯例用开"天窗"的办法将婴儿取出——也就是剖宫产。当产妇恐惧阴道分娩，或因为相关医学问题，比如怀孕并发症或异常的胎儿、胎盘位置时，剖宫产常会作为产妇的一种非急需或是计划性的选择方案。而紧急剖宫产可能发生在难产、失败的器械分娩或胎儿窘迫之后。无论是什么原因，这都是一个令人畏惧的过程，因为对许多女性来说，这将是她们人生中经历的第一个重大手术。清楚将要发生什么会让你拥有支持她的力量，并预防生产中所有大家不希望发生的意外。

剖宫产需要在产妇的腹部下方切开10 ~ 12厘米的口子，位置就在比基尼线下面。切口穿透皮肤、脂肪和子宫壁，最终开至子宫内部，从那里接生婴儿。这被认为是一种大型手术，却也是产科医生常做的手术，以至于能在需要的时候迅速而熟练地把孩子从腹中取出。

显而易见，为了防止疼痛，没有人会在无麻醉状态下用手术刀切开你婴儿的腹部，因此，大多数剖宫产都是在所谓腰椎麻醉下进行的。它类似于硬膜外麻醉，但不同的是，一次性麻醉剂会被注射到脊柱的下背部，麻痹腹部和骨盆的痛觉神经，这样你的婴儿在手术过程中就不会感觉到任何疼痛，并能保持全程清醒。如果对她已经使用了硬膜外麻醉，那么加到最大剂量能够达到同样的麻醉效果。女性们将剖宫手术中的感受描述为腹部出现的一种奇怪推拉感——就像有人在你身体里面做清洁，不过会有麻醉师时刻检查产妇是否感觉良好。好消息是，在宝宝出生后，你是被允许进入手术室的。

在极为特殊的情况下，比如争分夺秒的紧急时刻或是你的妻子无法使用脊髓麻醉药时，她可能需要在全身麻醉的情况下进行剖宫产，这样你的妻子将一直处于毫无知觉的睡眠状态。这时孩子就必须被尽快取出，因为这是一个紧急的过程，你也不再能进入手术室。如果发生这种情况，医生会定时告知你生产进程，在一切安全后，助产士才会把新生儿带到你身边进行第一次拥抱，与此同时，你的妻子从手术中恢复意识，逐渐苏醒过来。

·手术室中

进入手术室前，要做的第一件事就是换上手术服。确保把裤子上的拉绳系紧。能留下来抱着孩子是很幸福的，但如果你的裤子滑到了脚踝处的地板上，那么刚一当上父亲的那几分钟可就变得没那么光彩了。另外，请抛弃时尚，选择一个稍大尺寸的手术服。同时你的妻子将穿着一件背部敞开的病号服，以便注射脊髓麻醉剂。和硬膜外麻醉一样，麻醉师会先用局部麻醉剂麻醉下背部的皮肤，然后再进行脊髓麻醉。没有人愿意在完全清醒的时候目睹自己的腹部被切开，所以你妻子的头部附近会设置一个屏幕，你将和麻醉师一起坐在她头上方的一侧。当孩子出生的时候，可以调低屏幕，这样你们就可以一起看着孩子降临到这个世界。

准备时的手术室会成为一个繁忙的地方，除去你们之外，一般还有多达10余人在场，包括麻醉师和他们的助手，几位产科医生和护士，一位助产士和一位新生儿科医生或儿科医生。这个手术从开始到结束大约需要45分钟，但是婴儿会在最初的5~10分钟内分娩完成，然后就是胎盘的娩出。在手术完成后，你的孩子可以直接被送到你妻子的手上，除非出现了并发症。实际上，医生大部分时间是用来缝合产生子宫和腹壁的。

由于你妻子的腹部有一些相当大的切口缝合处，剖宫产的恢复时间要比阴道分娩更久，伤口需要保持清洁和干燥，你的妻子可能会留院几天，以便治疗伤口疼痛。在产后一天左右，产妇在搀扶下才能坐起来或四处走动，在接下来的一周时间里也需要人帮忙照顾起居，确保她有足够的止痛药来缓解便秘和紧张情绪。抱起宝宝是不成问题的，但不要尝试提举更重的东西。重点禁止活动还有剧烈性活动（包括性）和开车，伤口完全愈合，疼痛消失——这可能需要4~6周。

剖宫产并不意味着你的妻子永远不能进行阴道分娩了。因为在未来分娩过程中伤口绽裂的风险可能会增加，所以，剖宫产后选择阴道分娩（VBAC）的女性会受到更仔细的检查。但假若产妇愿意，医生一般都能安排，当然，建议是女性要在剖宫产一年后再重新尝试怀孕。

·娃在何方

有了这些新发现的、与生产相关的知识，你会发现，随着40周大关的临近，围绕着宝宝即将到来而产生的兴奋和恐惧急剧增加。到目前为止，你的妻子会感到身体十分沉重，有时会不舒服，你们都渴望着孩子早日进入你们的生活之中。记住预产期（EDD）中的关键字母"E"是表示估计（Estimate）。只有5%的婴儿是在预产期那天出生的，所以不要过于关注这个日期。假设你要去参加一个工作面试，还知道自己仅有5%的机会得到工作，你可能不会抱有很高的期望。所幸大多数婴儿都是在预产期前后的一周内出生的。如果打定主意要坚持到40周以后，试着保持放松，你们要坚信，无论发生什么，在接下来的两周内，宝宝都会出现。事实上换一种方式思考，这可能是你们夫妻俩在未来很多年里最后一次等待的时期，所以要尽可能享受它。不管怎样，放松的心态能让日子好好过下去，所以打开盒装碟吧，或走出去吃一顿饭，或是做任何夫妻可以做的事情——只要不是一场性爱马拉松以及马拉松后未经高温消毒的奶酪自助餐就行。

如果你一时高兴把预产期告诉了所有的朋友和家人，一切关于加速婴儿出生的最佳方法建议很快就会从他们那里蜂拥而至。有些人甚至会提出一些你从未听说过的古怪至极的建议，而有些人只会看你一眼，意思是"性生活多多益善"。事实上，没有证据表明存在"自然"的方法可以加速分娩或催产。经过几千年的尝试，假如真有捷径，大家早就去用了，但还是有一些常见方法的。

性：愉悦的性爱和性高潮可能会提高催产素水平。催产素是一种能够促进分娩的荷尔蒙，但是与药物催产素所需含量相比，这种增加所起到的作用是微乎其微的。精子中还含有前列腺素，其剂量远远高于精子样本中的平均剂量，有助于软化子宫颈。在一个巨大隆起的肚子和所有怀孕感官的阻碍下，拥有良好的性生活成了一种挑战。

咖喱：这个理论上的辛辣食物能刺激肠道，从某种程度上来说，也许会引发宫缩。这是民间传说，而不是什么循证医学，似乎是一代又一代的夫妻在等待的最后几天里为了让自己忙碌起来而引发的奇思妙想。这个理论的背后存在着这样一种可能性，那就是作为一对夫妻在一个放松的夜晚，没有烹饪的压力，享受快乐的独处时光的氛围可能会再一次刺激催产素的分泌。如果你的另一半消化不良了，这在怀孕期间也是见怪不怪。所以，不习惯吃辣的食物，就换一种，总之放轻松，慢慢积累经验。

菠萝：新鲜菠萝含有菠萝蛋白酶，被认为是一种有助于软化和催熟子宫颈的物质。然而，一个菠萝只含有少量的菠萝蛋白酶，你的伴侣不得不吃上6~8个菠萝才能得到一丁点儿好处。比起给子宫施加压力，这种行为更有可能导致腹泻和消化不良。

枣：一项研究表明，在预产期前的4周内能保证每天吃6次枣的女性分娩时间较短，一般也不需要药物催产。该研究只对一小部分女性进行了抽样调查，还需要更多的样本来证实这些发现。这个方法不太可能造成伤害，如果你的妻子能够忍受高甜度，也许值得一试。

蓖麻油：蓖麻油类似于一种热咖喱，被认为可以刺激肠道，同时推动子宫开始分娩。但其实它会导致严重的腹泻，在某些情况下还会引起呕吐。这是需要避免的，因为腹泻和呕吐会导致脱水——这是孕期马拉松路途上最不需要的东西。

覆盆子叶：覆盆子叶可以作为茶叶，也可以制成药片，代代女性都在使用着，因为人们相信，它可以"强健"子宫的肌肉，为分娩做好准备。一些人建议从孕32周开始逐渐增加剂量，到孕37周时每天要喝够3杯茶。然而，预产期之后开始喝茶是不可以的，剧烈的宫缩可能会致使胎儿窘迫状况发生。在你的伴侣准备一加仑又一加仑的煮覆盆子叶之前，她需要先和助产士或医生确认一下，因为有早产风险的孕妇为了未来的剖宫产计划和自身复杂的妊娠状况应该避免饮用覆盆子茶。

精油按摩：如今许多助产单位都会提供芳香疗法，以帮助产妇放松和缓解分娩前期的疼痛。如鼠尾草精油的气味，被认为可以刺激催产素分泌，影响宫缩。因此，在怀孕 37 周或足月前不要使用这类精油，以免引发早产。

辅助疗法：作为引起分娩的解决方法，针灸、指压按摩和反射疗法都是付费提供的。许多女性都认为这些疗法很有效果，但是，目前还没有研究或证据支持其正确性。也就是说，如果经由注册医师之手安全地进行，它们能作为一次放松的体验，让你的妻子从等待中转移注意力。

·时间因果

预产期的反复不定和变化无常，不仅仅是在考验你的耐心，也在考验你妻子耐心。持续时间超过 42 周的妊娠被称为过期妊娠，在 42 周这个分水岭到来之前，大多数机构都会积极协助妊娠进程，即"引产"。令人感到担忧的是，随着时间的推移，胎盘开始变得力不从心，胎儿窘迫乃至死胎的风险也由此增加，而对于第一次怀孕的女性来说，孕 42 周后这个概率则会急剧上升。幸运的是，死产率依然保持在较低的水平，在孕 39 周至 40 周之间的死产率不到 1/1000，而孕 41 周时约为 1/1000，到了孕 42 周时上升到 2/1000。

目前还无法确定何时为引产的最佳时间点，但是绝大部分机构选择在宝宝的预产期后 7 ~ 10 天——即 41 周左右的时候进行引产。引产不仅提供给超过预产期的妈妈们，还包括了羊水破裂、分娩尚未自然开始、罹患孕期并发症如糖尿病、高血压或担心婴儿的生长活动受到影响的那部分产妇。

对于没有并发症的低风险怀孕，医生在孕 40 周或 41 周的产检时会进行一次薄膜或宫颈清扫。这是一种阴道检查，助产士将一根手指伸入子宫颈中（想一想酒瓶颈）——假如宫颈的开口宽度足以容纳手指——并将羊膜囊从子宫壁上推开。这样做可以刺激前列腺素等激素的分泌，有助于引发部分女性开始分娩。如果一次不成功，可以在 48 小时后重复进行清扫。许多第一次做妈妈的女性需要多尝试几次才能忍受住清扫，因为这种感觉可能非常不舒服，通常表现为剧烈的痉挛式疼痛，有时还会伴随着羊水破裂或者少量的带血黏液栓，也就是"见红"。

假如宫颈清扫后还不能引发分娩，建议尝试药物引产。当然，你的妻子有权拒绝，但你在这么做之前，要考虑到在孕 42 周后出现并发症的概率会显著增加，还可能导致死胎。如果你选择拖延下去，让大自然决定一切，那么就应该找医疗团队进行定期的超声波扫描，仔细监测胎儿、胎盘和血液供应情况以及子宫内羊水的量。

· 药物引产

这是最好的办法了，当进行阶梯式思考时，若是第一个阶梯上的方法不起作用，那就应该试着移动到下一个阶梯。引产通常在医院的产科进行，首先便是插入阴道栓剂或含有前列腺素的凝胶。先回到之前类比酒瓶的那个例子上来。高剂量的前列腺素能够刺激急需软化、扩张和开拓的子宫颈（葡萄酒瓶颈），是你在过去几天里从精液中提取的小剂量前列腺素的超强化学版本。一些女性在插入栓剂后可能会直接回家，但是，如果宫缩已经开始、羊水出现破裂或是你有任何顾虑，医疗团队会欢迎你们的再次到来。一次不成功，就会换上另一剂量的前列腺素凝胶或阴道栓剂，进一步刺激"葡萄酒瓶颈"缩短和打开。在插入下一剂药物之前，助产士都会先检查你妻子的子宫颈，评估其柔软度、长短和扩张程度。

当前列腺素不起作用时，下一步就是使用含有后叶催产素的合成激素塞因托西农（syntocinon）。一根针管将被刺入手臂或手部静脉中，并连接到药物点滴。这个过程将在医院产科中完成，你的妻子需要持续连接胎心监护（CTG）仪，以测量宫颈的收缩和胎心率，确保激素没有引发胎儿窘迫。由药物引起的宫缩现象可能会比自然发生的更痛苦，所以，许多产妇选择进行镇痛，如硬膜外麻醉。有时医疗团队会建议使用插入阴道的小探针破开羊水，这种方法被称为人工破膜术（ARM），可以用于加速分娩进程，但并不属于引产的常规操作。即使有激素诱导，分娩仍然需要24～48小时才能真正开始，有时候产妇还是无法进入分娩进程，而针对这一情况，产科医生将进一步讨论引产方案或是直接使用剖宫产。

你的妻子可能会对引产这一方案感到非常焦虑，但请你放心，在英国多达1/5的分娩是由药物引产的。准妈妈应该立于决策的中心地位，并基于时间和自身的引产情况加以思考，将可供使用的全面支持性镇痛方案作为靠山。不过，由于需要更密切的监测，药物引产后的产妇不能进入到分娩池中。在此之后需要施行器械分娩的概率会略有增加，但用不了多久，你的宝宝就可以加入你的家庭中了，而自始至终，记住要将安全放在首位考虑。

为父者说

经过数周的满心期待，我们的预产期终于到来了，但妻子却连一点宫缩的迹象都没有。这几个月的等待让每一小时的延后都变得难以忍受，几天过去了，她仍然没有任何生产相关迹象。助产士的到来占用了我们的一些时间，每一次他们看着我的眼神都仿佛在说："你可能没让她吃够足量的咖喱，也没有充实的性生活。"

我们尝试了所有可能诱导生产的建议，尽管在内心深处我知道，它们背后几乎没有能够作为支持的科学依据。但任何一个能加快进度的机会似乎都是值得一试的。我们观看了婚礼录像和浪漫电影，试图让催产素在她的血管里流动。当然，我们吃了很多咖喱，不过让人拿不准的是，我们当地一家印度餐馆的老板从未听说过咖喱加速分娩的理论。他告诉我说，他所有孩子的出生日期都至少比预产期晚了两周——大概是他的咖喱不够辣吧。经过一周的等待，我的妻子尝试了反射疗法，但仍然没有一点儿反应。我们甚至开始计划引产的日子，因为她看上去像是要一直怀孕下去。每天上班的时间都是痛苦而充满沮丧的。我总是坐立不安，等待着那个可以把我召唤到分娩妻子身边的电话。等到我快过生日的时候，我们终于决定放弃所有催产的方法，转而举办一个晚上的庆祝活动——包括晚餐、几杯饮料和一个生日蛋糕。但在我和妻子的心里有一个小小的声音，那就是这个生日不再有机会和宝宝一起分享了，因而将永远成为遗憾。

在生日过后的第二天早上，5点钟妻子就叫醒了我，她认为自己的羊水破了。我迅速冲进浴室，地板上有一洼淡粉色的小水坑，这证明一切的一切终于拉开了序幕。妻子还没有出现宫缩，于是，在床上假寐了几个小时后，我们痛苦地放弃了，准备出门散步。羊水还在不停地渗漏到精心放置的护垫上，又过了几个小时，最轻微的阵痛开始了。一开始，感觉上很温和，我们依然可以继续散步，但当我们快到家门口的时候，每隔5分钟左右就得停下来让她靠在我身上休息一下，就好像她的呼吸被一阵阵宫缩剥夺了一样。现在是时候把我们在那些产前课程中学到的东西付诸实践了，但是，我们应该先尝试哪一种呢？能不能一股脑儿地用上分娩球、温水浴缸和经皮神经电刺激（TENS）治疗仪？不，不——要冷静下来。

在家中分娩的早期阶段，催眠分娩是极其有效的。我的妻子非常冷静，因此，还能够在宫缩期间保持呼吸。偶尔她会因为宫缩过于剧烈而惊慌失措，呼吸乱了节奏。但是，我马上会温柔地提醒她要集中注意力，并帮助她计算呼吸次数，很快她就回到了正轨。我们试着用经皮神经电刺激治疗仪，刚开始却造成了一阵混乱，不过，所有事情都是值得一试的。实际上，这些对妻子的情况都很有帮助。每次宫缩时，她都会使劲按下增强按钮。而我用一只手按摩着她的下背部，与此同时尽职尽责地在无比信赖的 App 程序上记录着宫缩次数。当然，我每隔一段时间就会和助产士联系，让他们知道情况已经有所好转。在策划了几个月的水池使用后，我先在一个温暖的浴缸里做了一次快速的试验，得知了所需的一切信息。这种方法能够缓解几分钟的疼痛，但很快我的妻子就感到恶心和燥热，所以，她从浴缸里出来了。窗户被猛地推开，尽管我不赞成让她一个人在家，还是被妻子打发到商店买了一袋冰块。在一种不知从何而来的冲动的驱使下我告诉收银员我的妻子要生了，然后就得到了他很不赞同的回答："为什么你这家伙现在来买派对冰块？"

他注视着我急匆匆地离开了商店。只有我们两个人在家意味着不会出现干扰，可以维持着一种平静祥和的氛围。然而，助产士的到来对于我们是一种求之不得的解脱。当生孩子的未来离我们越来越近的时候，我尽可能地保持放松，但是有另一个不用生产的局外人在场，对我和妻子来说都是一种安慰。一个迅速的内检表明她的宫颈已经扩张到了惊人的 4 厘米，是时候去医院了。

为了防止出现停车问题，我的妈妈好心地把我们送了过去。很多准爸爸都说过，他们都曾经疯了似的自己开车送妻子去医院，或是和出租车司机进行谈判，让他们能够乐意接送一个即将生产的孕妇。如果当你们冲往医院时羊水还没有破，一条毛巾和一个大垃圾袋就可以避免你和出租车司机在到达医院时因为他潮湿的汽车座椅展开一场尴尬的辩论——不要忘记带去医院的行李、多余的枕头、孕妇记录本，当然，还有婴儿的安全座椅（如果需要的话）。

下车后前往医院电梯的路上，我的妻子开始变得难以承受宫缩的疼痛了，她一直拒绝接受用除了汽油和空气以外的任何气体，但有一次在产房里，她宣布自己需要硬膜外麻醉。毫不意外的，需要的麻醉师在手术室里遇到了紧急情况，所以，这又是一次痛苦的等待过程。我的妻子在麻醉混合气体中拖着沉重的身体，宫缩接踵而至，而且疼起来相当无情。眼睁睁地看着自己深爱和关心的人遭受这样的痛苦和不适，我做不到坐视不管。轻柔地按摩、安慰和提及马上就要降临的新生儿的快乐能帮上一点儿忙。我认为"过渡期"就是硬膜外麻醉最终插入的时刻，与我所交流过的许多准爸爸不同，我幸运地躲过了被我的另一半咬伤，现在她被那些监视器和点滴绊住了，只能盼着宫缩停止，无论如何也无法为了自由而逃离妇产科病房的大门。麻醉师首当其冲地受到了责备，但当硬膜外麻醉开始发挥作用时，麻醉师就得到了一个大大的拥抱，以及我辛勤妻子的溢美之词。

经过大约 14 个小时越来越剧烈的宫缩后，另一项检查显示我妻子的宫口已经开至 10 厘米，在短暂的等待后，是时候开始用力了。我在带去医院的包裹里摸索了一阵——是的，我们早已把所有东西装在一起了，但是要想在令人昏昏欲睡的产房里找出蓝牙扬声器和电池供电的茶灯仍然是一个难题。播放列表打开，浪漫的灯光也准备就绪了，我的妻子为接下来的挑战做好了准备。我以前从来没有想过把孩子从阴道里生出来需要用上多大的力气。她用力过猛，看上去几乎要把什么东西撑破，当然这是绝对不可能发生的。我一直守在她的身边，试图保持镇定。握着手提电话，充当一位啦啦队员给妻子鼓励，旁边站着一位唬人的药剂师，我时不时像模像样地装作专业人士看一下床尾那里的情况。半个小时过去了，看起来什么都没有发生，但很快，我就看到婴儿的头部从阴道口探了出来。

伴随着宝宝心跳声组成的背景音乐，这个生命的奇迹在我眼前展现，和着蓝牙扬声器里布鲁斯·斯普林斯汀（Bruce Springsteen）[①] 甜美嘹亮的声音，床边胎心监护（CTG）仪发出的声音几乎像游戏表演一样。这些出色的助产士们有点儿担心偶尔出现的心率减慢情况，他们正在考虑让医生使用器械推动最后几次分娩完成。作为最后的手段，它的目的便是尽快把孩子取出来。然而，最终还是用上了局部麻醉剂和会阴切开术。如果你在一个星期前告诉我可能会发生这样的事情，我一定会

---

① 美国 70 年代的摇滚歌手之一。

感到脊背发凉。但哪怕我不懂产科技术也能明显看出，没有外力的帮助，宝宝的头是出不来的。助产士温和地告诉我，控制下的小小切口可以防止更大的撕裂。几秒钟之后，我女儿的头露出来了，难以忽视的是她头上布满了分娩产生的黏液，但是，看上去很健康。妻子再一用力，女儿的肩膀和身体紧随其后。一开始有点发闷，但是过了很久，事实上只有几秒钟，那声象征着一切的初啼打破了产房的寂静。

　　我一直非常尊敬我的妻子，但当我看着她躺在床上，怀里抱着我们刚出世的孩子时；当我走上前去剪断软骨状的脐带时，我真的为这场震撼人心的身与心的胜利之战感到敬畏——所有这些都是因为她拥有着我展现出的庄重、力量和精神动力。

要带上糖果、冰袋以及无尽的鼓励和赞美。

要告知助产士和麻醉师你们所有的担心和顾虑。

不要展现内心真正的恐惧，请给予爱人安慰。

宝贝

——为人父后，汗流浃背的第一个小时

医者之谈

　　终于，在经历了看似永恒的漫长旅程之后，你现在是一位父亲了：恭喜你！一旦婴儿成功分娩，医疗小组就会进行一个非常简短的阿普加（Apgar）评分测试，内容包括宝宝的心率、呼吸情况、肤色和反应等，以确保一切正常，不需要额外的救护。阿普加测试会在宝宝出生后 1 分钟和 5 分钟时悄然进行，一般你和你的妻子都不会察觉。这是宝宝作为新生儿的第一次检查。大多数婴儿在分娩时都是健康的，但是有时候需要提供给他们一些附加援助。如果出现这种情况，儿科医生会参与进来，先是把婴儿放到一辆特殊的手推车上，被称为"心肺复苏器"，外形上看起来有点儿像自助餐的烤盘。手推车上装有氧气管和呼吸管，以解决宝宝的呼吸问题，并备有药物用于治疗和抑制早期感染迹象。假如还有问题，您的宝宝可能需要由专业的医疗小组带至婴儿特别护理部（SCBU）或是重症监护室，不过后者并不常见。在每个阶段，医疗团队都会告知你们发生了什么，以及为什么需要采取一些干预措施。有时候救护需要迅速进行，因此，你要尽量对此保持冷静，放心，一切都会得到答案。

·初下决定

在成为父亲的几分钟后，你会发现自己卷入了养儿育儿的一系列的决定中。第一个问题就是，你和你的伴侣是否希望给你的孩子摄入一定剂量的维生素 K——这是凝血所必需的一种维生素，而新生儿体内的含有量非常低，给新生儿补充维生素 K 可以预防罕见但仍有患病风险的新生儿出血症（HDN）。在婴儿出生后 24 小时内，维生素 K 可以被一次性地注射到大腿上，也可以选择在婴儿出生后的第一个月内分几次口服。尽管一出生就给婴儿注射看上去有些残酷，但事实上，和宝宝刚刚经历过的挤压性头部创伤相比，这根本不算什么。宝宝可能会因此大哭大闹一通，但拥抱和哺食能让宝宝把疼痛抛诸脑后。如果你不想这么对待宝宝，那么，口服滴剂是一个很好的备选。但要知道，想让一个婴儿乖乖地把滴剂喝下去可是件很难的事情，而后续的几次口服也可能会被遗忘在第一个月手忙脚乱的照看中。所以，会有口服剂量不足的风险。

如果宝宝是通过阴道自然分娩的，只要助产士和医生觉得没问题，你们这个新组建的家庭大概率能在孩子出生后的几个小时内回家。对于第一次生产的母亲，就平均情况来看，阴道分娩后需要在病房待上一天半的时间。如果是剖宫产，她可能还会多待上一两天，但是如今很多机构都在鼓励女性在保证恢复状况良好的前提下提前出院。

·母子评估

无论是在医院还是在家分娩，生产后 72 小时之内，都有一名专业助产士、医生或是儿科医生会为你刚出生的宝宝进行全面体检。他们会查看宝宝是否出现了任何病症或失调的迹象，并评估所有必要的反应能力，用于检查听力问题的听觉测试则一般在你们出院前进行。假如没有在医院体检，或是你因为在家分娩而无法体检，也应该由助产士或卫生访视员在宝宝出生后第一个月内安排。如果因为没有体检而错失了全部或部分听力，孩子的发育可能会受到影响，所以，早期测试是至关重要的。听觉测试的方式是将一个小型的软耳片（像一个小耳机）插入婴儿的耳中并播放一系列的滴答声。有时候，婴儿未能保持静止或是出生时耳朵里有液体等问题会让初次测试失去评判效力，因此需要再做一次。检查结束后，你会立即得到结果。如果发现任何听力损伤，医生会为你的宝宝安排专门的听力研究诊所做进一步的测试。

医院分娩的孕妇在出院前会得到一张由医疗团队列出的待填体检单。首先是产后尿检，因为医生想要确保产妇的排尿功能已经恢复而不会出现任何问题，特别是之前使用过硬膜外麻醉或导管的产妇。如果非要看看证据不可，不要感到惊讶——医生可能会发一个纸碗让她再尿一次，这样就可以满足自己想要亲眼看到结果的愿望。其次，他们还会检查你妻子的腹部，观察子宫闭合情况，并采取一些基本的观察手段，以预防发烧或脉搏加快等感染症状的发生。做了剖宫产手术的产妇会被检查手术伤疤是否出现了感染，另一方面，助产士或护士希望你的妻子能在完全放松之前顺利地走到浴室，有效的镇痛和规律排便有助于加速身体恢复。女性在怀孕期间和手术后出现深静脉血栓的概率显著提高，基于此，你们可以带一些医疗团队推荐的稀释血液的药物回家。最后，清单上还会询问你们对于宝宝的喂养计划是否满意，无论是母乳喂养还是使用奶瓶喂养。其中，由于喂养不当造成的脱水问题是导致宝宝和妈妈在生产后再次住院的原因之一。如果有任何疑问，是时候向助产士寻求帮助了，因为这种情况对于他们来说实在是屡见不鲜。

· 你我同家

无论是几个小时之后马上出院，还是让宝宝在婴儿特别护理部（SCBU）中度过最后的恢复时光，回家的时候终于到来了。开车带刚出生不久的宝宝回家不需要考取驾驶执照或资格证书，但是在出发之前，你需要一样东西，除非你住得离医院足够近，可以步行回去——那就是汽车安全座椅！婴儿在乘车旅行时必须始终坐在安全座椅上，一般情况下，座椅应该面向后方，同时要系好安全带或者夹在后座上。如果安全座椅被固定在了前排位置，那么相对的气囊必须关闭（详见"鼓掌"章）。

不管你是自己开车、由别人接送还是乘坐出租车回家，在分娩日到来之前练习一下如何安装汽车安全座椅。搞清楚到底要如何插上安全带栓以及把安全座椅固定到车座上是其中最难的部分，可能比护送满载的珍贵货物要困难100倍。你一边要克服因为睡眠不足而带来的苦闷，一边还要照顾产后的妻子。提前花点儿时间进行修修补补可以减轻那些小零件带给爸爸的巨大压力。

回到家中是一种极致的解脱。你和你的新家庭将融为一体，远离医院和诊所的喧嚣。当然，你也可能开始希望拥有为人父母的资格，哪怕你突然意识到自己是单飞——当然了，事实正好相反。在前进的道路上总会有朋友、家人、助产士团队、卫生访视员和医生向你伸出援助之手，在接下来的几章里，我将会给你提供一些顶级的小贴士，帮助你度过初为父母的前6个星期。

无论是欣赏厨房角落里正在慢慢泄气的分娩池也好，还是帮助你的妻子剪掉她衣服上的医院名牌也好，在接下来的几周里，放松自己是成功的关键。无论是用哪种方式进行分娩的，生孩子对妈妈来说都是一个身心俱疲的过程。不用说，你可能也有一点儿同样的感觉，更多的是精神上的而非身体上的疲惫不堪。不管你多么渴望向世界展示你新生的宝宝，都不要把时间排得太满。朋友和家人肯定会迫不及待地想要见到你，所以，仔细考虑一下你要何时以及用何种方式告知他们你已经回家的消息。无论来访者与你的关系有多亲密，在孩子出生后的日子里，出现的任何娱乐都会让人感到无兴趣，所以要尽量缩短活动时间。

作为父亲，接待访客是你的关键任务之一。你的首要任务就是（预先）礼貌地提醒访客，没错，你很想见他们，但不会超过45分钟。好的访客会做一些举手之劳，例如，带来一顿你可以稍后加热的饭菜，卸下洗碗机中的餐碟或是在你妻子洗澡的时候帮忙抱着孩子。也许会有些更棒的朋友会带上一瓶红酒，为你打扫整个房子，但并不是所有访客都能做到这一步。

回家的前几天仿佛是过去所有日子的一座里程碑。第一次哄着宝宝睡着，第一次宝宝独立进食，还有那个妈妈们最害怕的时刻——她们的第一次产后大便。一想到要用力排泄，尤其是之前还缝过针或者发生过阴部撕裂，一种恐惧之情便油然而生。所幸现实要比想象中好得多。排便并不会让情况变得更糟或者让伤口继续恶化，一些简单的方法能够疏导并缓解这个可怕的心理障碍。如果你的妻子现在还没有和你发泄过这些纠结抑郁，是时候做出一些改变了。你对她的支持是十分重要的，不要让她因为害怕而压抑自己的情绪。许多女性在生产后的头两天不会放松她们的肠道，但是这样做可能会造成更多的伤害，并且肠道功能搁置得太久可能会出现便秘或更糟糕的问题，所以，丈夫要鼓励妻子在宝宝出生之后小心地排便，告诉她不要过度紧张，只要让肠道顺其自然就行了。当妻子坐在马桶上的时候，给她一个小脚凳、一堆书或是卫生纸，把她的脚抬高，让其膝盖部位高于臀部。这样可以让她的排便姿势达到最为通畅的状态。如果便秘症状太过严重，或是有一个特别大的撕裂伤，请让助产士或医生准备一些短期泻药。同时保持充足的水分，食用大量的新鲜水果、蔬菜以及全麦食品也会对排泄有所帮助。令人欣慰的是，大多数女性反映说，她们的第一次排便过程并没有想象中的那么糟糕。

一部分的产后阴道失血（称为恶露症）是正常现象，对于剖宫产和自然分娩没有区别。在子宫内壁脱落后，出血主要来自胎盘附着在子宫壁上的部位，这种出血情况可能持续2~6周。一开始是较深的鲜红色血液，几天后症状就会得到好转，到第一周结束时，出血量就会大大减少。卫生棉条不能在生产后的前6周使用，因为存在感染的风险。所以，让你的伴侣使用一些厚重的孕妇垫，特别是在最初的几天——选择那些用于失禁的护垫而不是轻薄、翼状的经期用型。

另一方面，母乳喂养会刺激荷尔蒙的释放，促使子宫收缩，所以你的妻子在母乳喂养期间出现轻微的痛经是很正常的，她甚至可能会注意到恶露会在她给宝宝喂养时增加。定期更换护垫，避免大量的恶露在正在愈合的阴道附近积攒，从而降低撕裂处感染的概率。如果出血情况变得非常严重，或是你的妻子开始排出大量的血块，并且感到不适，这可能是异常子宫出血的迹象，也称为产后出血（PPH）。假如你特别担心妻子身体健康的话，一定要立即联系助产士或医生，向他们寻求建议。

· **众非孤独**

医疗团队会给你的妻子提供一个联系电话, 这样你在最初几周任何需要的时候就可以向他们求助。社区助产士通常会在第一天到家里拜访或与你们进行联络, 并在接下来的几天继续探访, 要么就会让你的妻子和宝宝亲自去当地诊所反映情况。在每次的会面中, 助产士都会检查你们的情况, 看看你们是如何应对产后各类问题的。他们会询问宝宝如何喂养, 并为你的妻子体检, 以确保子宫还在继续闭合, 撕裂伤和剖宫产疤痕处有没有感染的迹象。此外助产士还会检查婴儿, 并在几天过后给婴儿称重, 因为这是一项能够反映宝宝发育和喂养情况的重要体检指标。你还会被问到更换脏湿尿布的频率。

当你的宝宝5天大的时候, 助产士会给他做一个新生儿血斑筛查, 也就是所谓的足跟采血试验, 或称格思里 (Guthrie) 试验。这项测试用于检查一些罕见但潜在的重大疾病, 如镰刀型红细胞疾病、囊性纤维化、甲状腺功能减退症和其他一些代谢紊乱类疾病等, 如果能尽早发现患病征兆, 就可以早些施以治疗手段。虽然大多数婴儿并不会患上述疾病, 但是早期检测的好处无疑是巨大的。助产士会用针在宝宝的脚后跟上扎一下, 然后在一张特殊的卡片上挤出四个血点。检查过程其实不会造成什么剧烈疼痛, 但是被迫保持不动和被挤压的感觉通常不受婴儿的欢迎。所以, 做好宝宝大哭的心理准备吧! 检查结果可以通过邮寄的方式寄给你，也可以借由医生或卫生访视员之手在宝宝 6 周大的时候给你。

助产士的探视会一直持续到你的宝宝 10 天大的时候，如果宝宝出现任何问题或是患有并发症，这个时间还会更长一些。在婴儿出生后第 10 天左右，当地的卫生访视员会进行一次"新生儿"探视，这也是他们第一次见到你的妻子和孩子。卫生访视员的工作就是在分娩后的几年内为母亲和婴儿保驾护航，提供无穷无尽的建议和信息来源，从而改变、安抚和照顾你家庭的新成员和你的妻子。在第一次探访之后，你的妻子会被介绍到卫生访视员的"婴儿诊所"，在那里，他们会仔细称量宝宝的体重，并且给予你妻子咨询的机会，或者为这位新母亲提供一些帮助。

· 红皮之书

宝宝出生后不久，你就会得到一份专属于宝宝的个人健康记录，通常被称为"红皮书"。这是一本记录了你孩子出生之后所有健康指数细节的日志，有纸质和数字两种版本。每次去见助产士、卫生访视员和医生的时候，你都需要随身携带着它。除了其他重要的大量数值细节外，宝宝的身高、体重和头围会用生长图表的形式记录在案。这样医疗团队就可以随时追踪宝宝的发育情况。"红皮书"还为父母提供了许多有关儿童生长发育的有用信息，例如你的宝宝可以做到什么，以及这些新发现的技能在什么时候开始发挥作用，很值得一读。

· **法律问题**

根据法律要求，当你忙于文书工作时，宝宝的出生信息是不可缺少的一项。在英格兰、威尔士和北爱尔兰，所有的新生儿都需要在孩子出生后 42 天内进行登记（在苏格兰，则必须在出生后 21 天内登记），由于预约要占用很长时间，所以提前预约能够防止你错过最终期限。一般情况下，父母会选择在宝宝出生地的注册中心登记。一定要查清楚登记需要用到哪些信息和身份证明文件，去登记时不要忘记带上。同时还要带上"红皮书"，因为许多登记员可能希望看看里面的内容。

在宝宝出生后或女方怀孕时就已经结婚的异性夫妻可以在出生证明上记录父母双方的姓名，哪怕只有一方到了现场。如果尚未结婚，则需要双方都到现场登记或提前填写亲子关系认定声明书，才能把两个人的名字都写在登记册上。男、女同性伴侣的规则略有不同，因此在前往登记之前要针对自己的情况检查清楚。

如果你打算带着宝宝去国外，不管是为了环球旅行还是仅仅去见家人，还要给宝宝办一本护照，然而没有出生证明就意味着无法办理护照。一旦你有了出生证明，你就可以对着护照表格开始填写了，不过一些挑战也随之而来，给你的宝宝摆好姿势，拍摄面部照片（你不要入镜）。不要忘了，护照可能需要几个星期才能到达，哪怕使用快速通道服务都需要一个星期。所以，无论发生什么，在护照到手之前不要计划任何国际旅行。不同的航空公司对于携带新生儿飞行有不同的规定，有的公司允许 2 天大的婴儿上飞机，而有些只接待两周以上大的婴儿。你可能还要有一封关于宝宝身体健康的保证信，所以在计划乘坐飞机旅行前先和签订的航空公司确认一下。

为父者说

在抱了我的女儿一个小时并给她进行第一次母乳喂养后，助产士让我把女儿带到秤上称重，同时给她注射维生素 K。事情就是这样，人生中的第一次，我得以把她抱在怀里。我认为所有的准爸爸都想知道那一刻究竟是什么感觉，媒体也常常宣称，当你看到自己刚出生孩子的第一眼时，爱和崇拜便油然而生。我和大多数与我交谈过的父亲们一样，认为这种说法实在是有些夸大其词。我的妻子和女儿都平安度过了分娩，而这让我感到如释重负。看到女儿时，我着实被这个用毛巾裹着的人类小包袱迷住了，就像捧着一个无价的古董花瓶似的，我带着她穿过房间，分外小心翼翼，但那份爱却焕发着勃勃生机。所以，如果你没有在几分钟内就被迷得神魂颠倒，也不用在意。我想说，事实上，成为父亲最大的乐趣之一就是注视着爱成长的过程，并且永无尽头。

当我们前往产后病房时，那里的恒温器被设置为"炎热"模式，于是被剥夺睡眠好几天后产生的疲惫终于开始显现。我只短暂地休息了一下，然后助产士就把我领到了一个像是父亲日托训练营的地方。我给你的建议是充分利用身边的专业人士。我学到了一些非常棒的更换尿布和穿衣的技巧，在几分钟之内，我就从一个笨手笨脚的新手变成了一个半步职业的"换遁"忍者，不惧未知，勇往直前。

我永远不会忘记和家人共同在医院度过的那个夜晚。他们给了我一张躺椅，让我睡在新加入的小家伙旁边。这个躺椅设计得十分灵巧，当我躺下的时候，要是静止不动，那么将无事发生。然而，只要动弹一下，我就会被弹回的座椅猛然推到原先坐着的位置，而制造出的巨大撞击声足以惊醒声音范围内的所有婴儿。当然最后这并没有成为一个困扰，因为工作人员一把房间的灯关掉，我的女儿就决定正式地迎接这个世界——她哭个不停。此时我有两个选择。首先是我筋疲力尽的妻子，显然她如果还想在第二天正常工作的话就需要休息。其次是我们病房区的其他"住户"，虽然他们可能同样筋疲力尽了，但自从有了孩子，似乎已经完全适应了不分昼夜的日常。但作为父亲的羞耻感占了上风，我整晚抱着女儿在病房里踱来踱去，和助产士们闲聊，跑到休息室去。如果这个升级版的睡眠剥夺是登记入院时可选择的额外服务，我一定会取消订阅。

但是，当我坐在那里凝视着女儿，我的第一个孩子，并拼命不让自己睡着时，我突然意识到这个小小的生命完全依赖于我，而这只是我们建立的无数联系中第一个关键节点——爱开始生效了。

尽管工作人员都很棒，我们还是迫不及待地想要出院，一起回到家里开始新的生活。最后，所有的检查都结束了，"珍贵的宝贝"穿着一件超大号的连体衣被送上了她的车座，我们出发了。父母们谈论着带着他们的新宝宝回到家，畅谈未来的计划。我可以诚实地说，我们从来没有产生过这样的感觉。回到家的感觉真好，不仅是因为我终于可以逃离产后病房内的高温，还因为女儿终于进入了我们的生活，并成了其中的一部分，在我们的家里，在生活的万事万物中。不管过程有多么不完美，我们现在是一个家庭的整体。我想，我知道之后该怎么做了。

宝贝——为人父后，汗流浃背的第一个小时

· 她想要的 ·

　　要在你伴侣着手于恢复身体和喂养宝宝时扛起换尿布的责任。

　　不要让访客来得太早、走得太晚，每个人都会有精疲力竭的时候。

喂食

——乳头、吮吸与吸乳器

医者之谈

    我们都需要进食来维持生存，新生儿也不例外。但出生后的 24 小时内它们实际需要的能量非常少，因为待在子宫里的时光让它们能够摄入大量能量作为储备。在照顾孩子的头几天，喂养会给新任父母们带来巨大的压力。如果你的妻子在努力建立母乳喂养的习惯，她可能会有一种挫败感，而你可能会觉得自己是一个帮不上任何忙的旁观者——无法让自己的乳头分泌乳汁。事实上，一个消息灵通还能照料孩子的父亲在早期的生活中也能给伴侣减轻不少负担。不要责怪任何人，人人都在学习保持冷静，记住，首要任务是让你的宝宝得到充足的食物和营养。你的妻子最终会用哪种方法给宝宝喂奶取决于外界帮助和运气两种因素。对你的妻子来说，无论是男孩还是女孩，母乳喂养都会给她造成很大的压力，但是对另外一些女人来说，这根本就算不上什么。也许要用到奶瓶和纯配方奶粉进行喂养，记住，母乳喂养或许是最好的，但是，有方法总是聊胜于无的。

·初尝喂奶

在宝宝出生后的第一个小时里，如果你的妻子愿意，助产士会帮助她试着进行母乳喂养。大量的亲密接触有助于建立母亲和孩子间的亲密关系，也是尝试第一次喂奶的绝佳机会。如果你看过新生儿在妈妈胸前摇头晃脑寻找乳头的视频，你就会知道这种行为对于婴儿来说是一种自然的本能。但事实上，很少有婴儿能像视频里表现得那样出色。所以，充分鼓励是喂奶所必需的环节。

让婴儿"吸住"乳头是很困难的事，最好的方法众说纷纭。首先，要确保你的妻子身体舒适，并且身边备有一切必需品。母乳喂养是一项令母亲口渴的工作，保持充足的水分是很重要的，所以，在她手边放上一大杯方便拿到的水总是能助一臂之力的。当妈妈和宝宝都在学习这项新技能的时候，可以在膝盖上放几个枕头或是垫一张哺乳垫。把婴儿放在靠近乳房的位置，并让你的宝宝侧卧，和妈妈"腹腹相对"，而婴儿的头部靠在妈妈的乳房上，这无疑是一种很好的起手姿势。

一个好的吮吸姿势非常重要，因为这样可以最大限度地减少婴儿对乳头造成的伤害，减少你的妻子患上乳头皲裂或乳腺炎等感染病的风险。当婴儿张开嘴，并被引向妈妈的乳头时，应该先抬起她／他的头部，再把下巴压在乳房上。在喂养婴儿的过程中，不仅要把乳头塞入婴儿嘴里，还要包括一部分乳晕（乳头周围较暗的乳房组织），同时要尽量将乳头朝向上颚。如果婴儿进食良好，你可以看到婴儿下巴肌肉的运动，也可以看到吞咽乳汁的动作。但若是出现了吮吸自己的脸颊或发出了很大的噪声的情况，可能是因为没有采用正确的姿势。刚开始哺乳的时候，妈妈可能会觉得奇怪或是不舒服，甚至是痛感，这个时候要鼓励你的妻子把她的尾指伸进宝宝口中，趁机移开乳头，然后再试着让宝宝吸奶。

正所谓熟能生巧，冷静的心态是成功的关键。对于那些想要母乳喂养但是遇到困难的女性来说，当地相关机构都会提供支持。和助产士或卫生访视员多谈，因为他们有丰富的经验来教导妈妈们掌握母乳喂养的技巧，他们也可以给你当地协助组织的资料，在那里，经验丰富的咨询顾问能帮助妈妈们解决难题。有些婴儿天生就是短舌头，即连接舌头和口腔底部的皮肤比正常的婴儿要短。对于有些婴儿来说，这不会带来麻烦，但是对于另一部分群体而言，这会使母乳喂养变得更加困难。所以，如果有疑问，请让医生检查一下宝宝的舌头。对于影响喂养的舌头问题，可以将宝宝转介至专科诊所进行舌头切割的手术——一个几秒钟就能完成的无痛手术。

你的妻子可能会对在陌生人甚至朋友和家人面前喂食母乳的情景感到不自在。在一个存在女性"露点"文化的世界里，她可能需要一些时间来适应在岳父母或其他家庭成员面前露出乳头哺乳。尽管这没有什么好羞耻或尴尬的，你还是要帮助她跨过这个坎儿。给她找一个私人空间，或是给她准备一条披肩或薄纱，让她在增长自信的同时能够遮住自己。

·同源异乳

在宝宝出生的头 2 ~ 3 天，你的妻子会分泌一种高度浓缩的、营养丰富的、类似牛奶的液体，称为初乳，甚至可能在婴儿出生前便从乳头中淌出。初乳量极多，婴儿的胃又是如此的小，每次喂养时，婴儿只需要大约一茶匙（5 毫升）的量就能饱腹，几乎比成年人一口的量还少。如果你的宝宝挣扎着不想叼住乳头或是因为某种原因不情愿吸食，助产士可能会帮你们把初乳灌入喂食注射器当中。其步骤便是先轻轻捏动乳房，然后再将初乳"挤"出，一滴一滴地收入注射器中。这样，母乳就可以直接被喂到宝宝嘴里，让婴儿尽早进食。

3 ~ 4 天后，你的妻子终于开始泌乳。这种"成熟"的乳汁出现的标志一般为突然肿胀起来或是充血的乳房。这时你的宝宝变得更加精神并且已经准备好被投喂了。母乳的产生是建立在一种供需关系上的——你的宝宝喝得越多，你的伴侣泌出的母乳就会越多。如果在最初的几个星期里她感觉自己产出的母乳无法满足婴儿生长高峰期的需要，请让她放下心来。如果有必要可以通过更频繁的喂养使情况得到改善，奶水在受到宝宝的刺激后会逐渐提高泌出量。吮吸乳头也会刺激"放乳"反射，因此当婴儿开始喝奶时，乳房中储存的乳汁会被反射性地压进微小的导管，直至乳孔处。这种感觉非常强烈。所以，当你的妻子帮助宝宝摆好喂奶姿势时，不要惊讶于她乳头中喷出的奶水。只要听到婴儿的哭声，或者想着喂奶的动作，就足以触发这种反射。同样的，从一侧乳房吸奶也会导致乳汁从另一侧乳房同时喷出。虽然一个辅助哺乳的胸罩有助于保持乳房的舒适感，但拥有一次性或可清洗的防溢乳垫，也是相当重要的。这种小垫可以预防渗漏的奶水浸透衣服，还可以时刻保持乳头的干燥。

· 前途难料

如果喂养不当，妈妈的乳头和乳房会变得酸痛。乳头霜能够防止皮肤酸痛和皲裂，而这些症状不仅非常痛苦，也是细菌入侵和感染的途径。乳汁分泌过多的女性也会出现乳房膨胀的现象，有时候乳房过于饱满，以至于婴儿很难叼住乳头。让助产士或卫生访视员向你的妻子展示一下如何用手来挤奶或是使用吸乳器来放出少量的乳汁，这样饥饿的婴儿就能更容易地吸食了。但是，不要过度挤奶，否则，乳房只会受到刺激而产生更多的乳汁。

每个乳房被分为几个部分，可以想象成一个橙子的结构，分泌出来的乳汁通过乳腺管从内部涌向乳头。有时导管会出现堵塞，导致乳房肿胀，疼痛难忍。通常解决方法就是鼓励你的妻子继续使用这个乳房喂奶，因为这将有助于疏通奶管。在乳房上放一张温暖的法兰绒也能创造奇迹，感觉就像是在洗个热水澡时温柔地按摩乳房一样。如果你妻子的乳房出现剧痛、发红、发热的症状，或是她感觉发烧不适，可能是因为乳腺管和乳房内有感染的迹象，即患了乳腺炎。在这种情况下就需要去看医生，因为你的妻子可能需要服用一些抗生素和止痛药。你也要严格地督促她继续喂奶，让一切都变得顺畅起来。

· 不二之选

面对着这些潜在的威胁、干裂的乳头和乳白色的胸罩，你可能会想既然有这么多缺点，为什么还要坚持母乳喂养呢？这是因为母乳喂养对宝宝和妈妈都有很大的益处，虽然一般建议在宝宝 6 个月大的时候开始摄入固体食物，但是，在此之后你依然可以继续喂养母乳。大多数女性一开始都是选择母乳喂养的，但是随着时间的推移，很多人因为各种各样的原因而最终放弃。好消息是，即便是短时间的喂养也会给你的宝宝带来好处，并且其带来的保护作用和好处会随着母乳喂养时间的延长而增加。

母乳是一款设计完美的鸡尾酒，它带来的营养上和健康上的益处远超过配方奶粉。妈妈的免疫力会由此传递给宝宝，从而降低感染的概率。并且有研究表明，母乳也能降低宝宝患癌症的风险，例如白血病、婴儿猝死综合征、心血管疾病和肥胖症等等。母乳喂养在刺激荷尔蒙分泌的同时也为妈妈提供了保护，但这种保护通常被人们所忽视。选择母乳喂养的女性患乳腺癌、卵巢癌、心血管疾病、肥胖症和骨质疏松症的风险也会降低。最重要的是，从实际角度看，它甚至是免费的，并且无论你的妻子在哪里，处于适宜的温度下母乳都能够随时获得，这样就节省了时间和金钱，免去了清洗瓶子、橡胶奶嘴和消毒器等喂奶工具的麻烦。用奶瓶喂母乳是一种很好的方法，在让宝宝获得母乳对于健康上益处的同时，还可以让你的妻子休息一下，而这便意味着你要参与其中了。挤奶可以通过用手或使用吸奶器来完成。吸奶器的效率要高得多，吸奶器可以是手动的，也可以是电动的。一个抽吸漏斗放置在乳头上以刺激乳汁的释放，它被收集在一只小瓶子里，然后喂给你的宝宝。挤出的母乳可放在经过消毒后的容器内（温度保持在 4 摄氏度 /39 华氏度或以下）最多 5 天，若是放在冰箱的冷藏室内则可保存最多 2 个星期，而冷冻室内的存放时间延长到了最多 6 个月。如果你的妻子正在进行母乳喂养，在头几个星期里，或者直到喂养情况稳定下来之前，应该避免使用奶瓶喂奶。用奶瓶喂奶的和用乳房喂奶的感觉是完全不同的，如果过程变得太复杂，婴儿就会产生混乱。如果你想引进奶瓶，也不要等待太久，因为等到了宝宝认定乳房是最棒的那一时刻，宝宝就不愿意使用其他方式进食。

·工具消毒

无论是选择母乳喂养还是配方奶粉喂养，你都需要掌握消毒的技巧。因为这可能会成为父亲的一大职责。在婴儿出生后的头 12 个月里，你最好对所有喂食工具进行消毒，以降低细菌、病毒和寄生虫类疾病的感染风险。消毒的第一步是用热肥皂水彻底清洗所有的工具（奶瓶、奶嘴和瓶盖）。你可以用洗碗机进行清洗，但是由于洗碗机不能用来消毒，所以，在清洗好之后，你还有很多工作要做。有三种常见的喂食工具消毒法：使用蒸汽灭菌器、冷水消毒或是用沸水煮工具。蒸汽灭菌法非常流行，因为它最省事儿。你可以买一套相对便宜的消毒盒或袋子，将工具封进去，加一点儿水，再放入微波炉里转几分钟；或是买个贵一些的独立式蒸汽灭菌器。无论你选择哪种方法，都要仔细按照制造商说明书上的步骤来做。

将冷水消毒时使用的液体或水溶药片放在设有盖子的容器内，这样设计是有目的的。查看一下产品说明书，看看应该向这些化学品中加入多少水，并确保每 24 小时更换一次溶液。把所有的工具都浸入到试剂中，确保瓶内和奶嘴里没有出现气泡，然后至少静置 30 分钟。一旦消毒完毕，你需要用冷却后的开水进行清洗，然后再重新投入使用。

最便宜的消毒方法是将喂食工具放在一个大锅中用沸水煮最少 10 分钟，并确保所有东西都没于水面之下。这样，能够达到完全消毒的效果。在此之前，检查一下你准备放入锅中的所有物品是否可以安全沸煮。但也要注意，如果经常这样消毒，奶嘴和奶瓶的使用寿命可能会因此减少。

· 配方奶粉

　　如果你打算在消毒后的得意之作里冲泡配方奶粉，也是要学习相应步骤的。配方奶粉通常是牛奶的衍生产品，所以，请先咨询一下助产士、卫生访视员或医生，看看你是否买对了正确的品牌。你也可以购买预先混合好的牛奶，这些牛奶可以直接倒入你刚消完毒的瓶子里（适合外出的时候），或者购买更经济实惠的奶粉类型。奶粉被装在罐子里烘干，当你需要配制牛奶时，就将这些粉末加入水中。严格遵循产品的冲泡方法相当重要，因为它们并不是无菌的。一定要将水煮沸以杀死其中可能含有的所有微生物，再将所需量的水倒入消毒后的瓶子中，冷却半小时，使水温降至 70 摄氏度 /158 华氏度。最后加入配方奶粉——不要先把奶粉放进瓶子里。把奶嘴和盖子装回瓶子并盖紧，摇晃至充分混合状态。瓶装矿泉水是没有经过消毒的，它来自某个地方的山涧小溪，并非没有感染的风险，因此不建议使用。最后，在你做成新鲜牛奶之前，确保牛奶处于一个适当的温度而不会烫伤宝宝脆弱的舌头。开始喂奶之前，可以在手腕内侧滴几滴牛奶来测试温度——牛奶应该是温而不烫的。你也可以把奶瓶放在冷水龙头下冲洗冷却。如果你需要加热奶瓶，无论瓶子里装的是配方奶还是母乳，请把瓶子浸入一碗热水或是一壶热水中，水浴法加热至想要的温度。千万不要直接使用微波炉进行加热，因为这样会导致牛奶过烫并对宝宝造成伤害。

·奶瓶时间

在喂奶时，要同时保证双方的舒适感。这时候眼神间的交流无比重要，相当于一种安慰。让宝宝保持略微直立的姿势，支撑住他的头部和颈部，让宝宝与奶瓶相接触，熟悉奶瓶喂食的感觉。有时候先挤一滴牛奶在奶嘴上有奇效，因为这样做宝宝可以不费吹灰之力就尝到第一口奶。最重要的是，一定要确保奶嘴中已经充满了牛奶。否则，宝宝会狼吞虎咽地吸入空气和美味的牛奶，导致腹内气体累积，为未来的健康埋下隐患。

喂完奶后，让宝宝处于直立状态，以帮助宝宝呼出不慎吸入的空气。这个时候可以把宝宝放在你的膝盖上，或是让他伏趴在你的一只肩膀上，用一只手支撑其头部和颈部，再用另一只手轻轻地抚摸或拍打其背部。

·所需奶量

一开始宝宝的胃长得很小，大约只有一小块大理石那么大，所以填满和消化速度极快。在最初的一两个星期里，你的宝宝可能不太适合固定的喂养模式。在一些日子里，他们希望每1~2个小时喂一次奶，但在其他日子里，每次喂奶的间隔能长达4

个小时。每个婴儿的情况都各不相同，所以，如何喂食取决于你自己。但是对于新生儿来说，喂食间隔时间也不要超过4个小时，一旦超出就有血糖过低的风险，这会导致一个嗜睡的恶性循环，乃至于不想进食。每天至少8次的喂食是一个很好的经验法则。对于用母乳喂养和用奶瓶喂养的新妈妈来说，最好的策略就是所谓的响应式喂养。喂奶时间要么是基于宝宝给出的提示（吮吸手指和拳头，翻寻或是向乳房蠕动），要么是因为你妻子的乳房开始变得充血不适，急需清空。这种"响应式"喂养技术旨在同时满足母亲和婴儿的需求——别担心，母乳喂养的婴儿实际上不可能食之过量。

如果你使用配方奶粉喂养，在第1周的时候你的宝宝一般会需要30～90毫升的食物，并在第2周到第3周间增加至75～105毫升。假如你对数学感兴趣可以试着计算，从第2周开始，大多数的足月宝宝在24小时内每公斤体重都对应着150～200毫升牛奶需求。所以，算出总用量，再除以每天的牛奶量，你就会知道这个小家伙每天应该摄入多少毫升的食物。不要让你的妻子过早地陷入任何关于喂食习惯的恐慌之中。大多数宝宝需要12周的时间才能建立起一个规律性的进食习惯（有些宝宝甚至不会建立）。记住，夜间哺乳也很重要，因为这是身体中产生催乳素含量最多的时候，而催乳素是能刺激母乳分泌的荷尔蒙。因此，在晚上喂奶有助于增加母乳的供应。抱歉，我知道夜晚喂奶对你来说不是个好消息！

为父者说

　　我记得我的女儿在出生后的第一个小时内就接受了母乳喂养，这多亏了助产士提供的小小帮助。毕竟那是一个特殊的时刻，我们完全沉浸在正在发生的一切事情和新家庭成员到来的无限兴奋之中。不幸的是，在接下来的 24 小时里，这是她能够摄入的唯一食物了。尽管有助产士接连不断的鼓励和我妻子的坚持，但这个小婴儿对乳头和牛奶毫无兴趣。她想要的只是充足的睡眠和永恒的拥抱。我们并不是特别担心，因为我们知道她有足够的能量储备，可以在不继续进食的情况下度过第一天。但这种轻松感马上就消失了，因为我们发现，在她开始进食之前，我们不能出院回家。

　　再怎么把乳头递到女儿的鼻子上，把乳房推挤出便于喂食的形状，哪怕是寻找乳房的自然本能都起不到任何作用，所以我只好充满鼓励地站在一旁，看着助产士帮助我的妻子"挤动"她的乳房，把初乳滴入一个小小的注射器中——从自己用力挤压的乳头中吸取乳汁，这事说起来容易做起来难，这也不是什么富有意义的活动。经过几个小时的努力，我们终于制作好了最简易的奶昔，它看起来并不太多，看上去连细胞都喂不饱，更不用说一个嗷嗷待哺的婴儿了。挤出来的母乳应该和无价的液体黄金一样等同处理，因为一个小小的手滑或是倾洒都能让妻子哭出声来，并让你产生一种未曾经历过的巨大的内疚感。不论如何，小心不要把它洒掉，我已经警告过你了。

· 我的场合

我的目标是成为一位凡事亲力亲为的父亲，但因为不能分担喂奶的职责，我的妻子选择了母乳喂养，我感到自己有点儿多余。我仿佛错过了一次令人惊奇的亲密体验。但我确实在自封的"首席送水员"和"垫子调节员"称号中找到了安慰，直到我们在大约第4周的时候做出了第一瓶速溶牛奶。当我低头看着自己的孩子大口大口地喝着我精心准备的"母乳"时，一股惊人的温暖涌上心头。一旦你开始用奶瓶，就再也不要更改了（我重复一遍，永远不要改），每周至少坚持使用两次。我犯了个错误，停了1个月左右，当我把奶瓶带回来的时候，我女儿对它的爱已经完全消失了。几个小时的尖叫声夹杂着我试图把奶嘴塞进她嘴里的声音，任何旁观者或听众都会认为房间里有一个虐待婴儿的恶徒，而不是一个深爱着饥饿的孩子并试图喂饱她的父亲。经过几个星期，这个女孩知道自己想要什么，反正不是奶瓶。

· 宝宝称重

在最初的几个星期，你的助产士将对宝宝的体重进行称量，紧随其后的还有卫生访视员。就像拳击赛前要称体重一样，每次称重都让父母们提心吊胆。作为刚刚为人父母的人，他们经历了一个个不眠之夜，不停地抱着孩子，喂给孩子吃喝，给孩子消毒，孩子任何体重的减少都会让他们觉得这是针对自己兢兢业业的训练制度所展开的公开羞辱。

在孩子出生后的第 1 周里体重就会开始减轻，相较于出生时的体重，许多婴儿会减轻 7% ~ 10% 的幅度。但你不要惊慌，如果正常喂养的话，大多数孩子会在 10 ~ 14 天内恢复至原来的体重。对于一位新爸爸来说，任何数字或标准都是不祥的东西。当我伸手去拿厨房的秤，换尿布，试着开展一些"家庭称重"的时候，我意识到自己过于在乎了。不仅仅是因为试着让一个新生婴儿安全地在厨房的小秤上保持平衡比在浴缸底部抓住一块湿肥皂更具有挑战性，还因为每天的体重比拼对提高家庭士气没有任何帮助。所以，我的建议是把宝宝的体重测量任务交给专业人士，按照他们的意愿进行称量，而你还是去给妻子烤一个蛋糕吧。

要建立一个舒适的喂食区域，包含充足的水、零食、电视遥控器、交谈和鼓励（这在第1周的夜晚尤其重要）。

不要认为每次宝宝哭个不停都是因为你的妻子还没有给宝宝喂奶，即便事实真的如此。

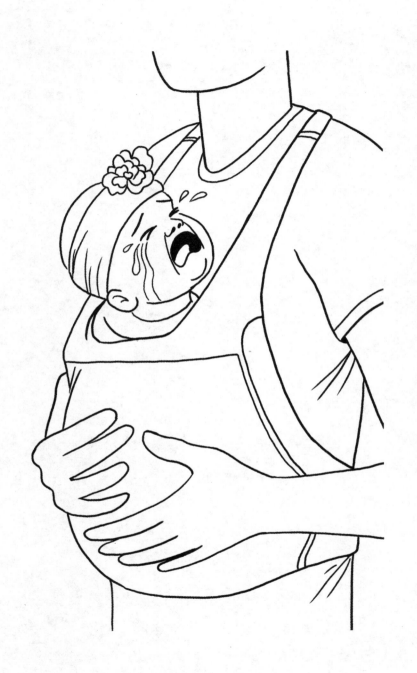

哭泣

——为何众人皆哭？

医者之谈

几个月以来，你一直在等待着听到宝宝的第一声啼哭——当他们降临到这个世界上的那一瞬间，你可能不得不再等上几秒钟。但是，现在你却开始期望着他们能够停下来。哭泣可能是新父母面临的最大挑战之一，会给他们造成沉重的心理压力。不幸的是，哭泣是宝宝让你知道他所需所想的唯一途径，就和所有的交流方式一样，你和你的伴侣需要花上几个星期的时间才能找出每次哭泣背后的原因。

不过，大自然对我们还是很仁慈的，因为大多数婴儿在出生后的 24 小时内哭的次数要少于接下来几周的总和。婴儿出生时，无论是自然分娩还是剖宫产，对你的宝宝来说都是一段筋疲力尽的经历，以至于婴儿在第一天时会少哭一些。所以，充分利用这段时间尽可能地休息。从那之后，婴儿哭泣的次数会逐周增加，通常每天哭 3~5 个小时不等，甚至有一些非常健康的婴儿每天能哭上 12 个小时——是的，没错，整整半天。好消息是，婴儿哭闹通常在出生后 6 周时达到顶峰，之后情况会有所改善。

·为何哭泣

哭泣是宝宝让你知道他需要什么的表达方式。但遗憾的是，他们还不能清楚地表达哭声的真正含义。在最初的几个星期里，你可以大胆地假设你的宝宝哭泣就是因为饿了。早期的时候，大多数人不会想到脏尿布。但由于婴儿的胃实在是太小了，排空的速度也很快，所以，直接用喂食止住哭声是一个很好的解决方法。一些母乳喂养的婴儿几乎一直不停地在哭，直到成熟的、自由流动的母乳"涌进"嘴中（更多信息见"喂食"章）。这可能是因为母乳未能完全满足婴儿的需要，而且，那时候母亲还只能分泌出初乳。放心，持续的规律进食会促进母乳的分泌，一旦婴儿的营养需求得到了满足，他们很快就会安静下来。如果你或你的妻子认为宝宝哭得过久，那么是有必要和助产士、卫生访视员和医生进行讨论的，看看这是否是因为宝宝的身体出现了问题。幸运的是，这种情况并不常有。

·停止哭泣

在婴儿出生的头几天和几周哭泣时迅速地给予安抚可以减少婴儿长时间哭闹的次数，所以要做好准备，尽快安慰宝宝。当然，如果你正在洗澡或者开车，这样做并不是那么安全，但是有证据表明，只要大部分哭泣的时候不是因为无理取闹，偶尔长时间的发泄不会对身体造成任何损害。记住，哪怕在一个睡眠不足的夜晚，宝宝的大哭大闹也并不是为了惹你生气，只因为这是宝宝唯一会做的事情。如果一个拥抱或一次喂奶不能解决问题，你还可以使用一些其他的技巧。

在你妻子的子宫里待了几个月之后，你的宝宝早已经习惯了妈妈的心跳声和血液在血管中"呼呼"的流动声。模拟这种环境对止住哭声通常都会有所帮助，因此，就算没有任何安抚也能比得过依偎着爸爸入睡。婴儿背带、吊带或是安全背带是值得一试的工具，因为它们创造了一个温暖而令人安心的环境，离你的心跳声也很近。经常被抱着或放在吊带里背着的婴儿会哭得更少。温和而又重复的声音正类似于婴儿在子宫内所听到的声音，因而可以安抚你的宝宝。这也是洗碗机、真空吸尘器或洗衣机发出的噪声通常能起到抚慰作用的秘诀。如果你不经常使用家用电器，或者只是不喜欢做家务，可以试试很多父母都信奉的"白噪音"功效——你可以把它们下载到智能手机或平板电脑上。如果声音还不能解决问题，可以尝试一些轻柔的摇晃或者颠簸的动作。将你的宝宝带到车里，或者放在婴儿车里散步，或者使用吊带也可以帮助宝宝在事情脱离掌控后安顿下来。最后，不要忽视"拍屁股"暗含的力量。把宝宝抱在怀里，用一只手轻轻地有节奏地拍拍他的屁股。据说这是为了模拟心跳的节奏，全国各地产后病房的助产士都在使用。人人都应该知道！

随着时间的推移，你会开始理解为什么你的宝宝变得如此爱哭。饥饿仍然是一个非常常见的原因，但是，现在你的宝宝可能会因为进食不舒服、被很响的噪声吓到、身体不适、尿布脏污、正在被情绪所困、出现疝气或反流（之后会讲到）而哭泣。不要担心自己无法马上识别出哭泣的背后原因，这是随着时间的推移而总结出来的，所有的父母最终都会做到这一点。很快，一切答案都会开始显现了。

· 嗝、呕奶、疝

通常婴儿在喂食期间或喂食后会立即变得不安分起来。拍嗝是一项你和妻子很快就会掌握的技能。无论是母乳喂养还是奶瓶喂养，婴儿在进食过程中经常会出现呼吸困难的情况，迅速地解决问题能让婴儿少流些眼泪。事实上，地心引力作用是你的大救星。你需要让宝宝保持一个直立的姿势，这样重力就可以让噎住的牛奶向胃部坠去，而让气泡得以顶出，像一个大嗝似的从食道（喉管）中冒出来。更简单的方法是让宝宝坐在你的膝盖上，然后用一只手支撑住宝宝的头部和颈部，再用另一只手轻轻地按压其后背的下部，使脊柱伸直。无论是抚摸还是轻轻拍打背部，在你反应过来之前打嗝声就已经萦绕在耳边了。或者也可以把宝宝抱趴在你的肩膀上，然后轻轻地拍打摩挲背部，直到那关键的一声出现为止。在此之前，打嗝的声音从未给你的生活带来如此多的快乐。

如果有女性曾经抱过婴儿喂奶，并且自豪满满的父母充满善意地用一块薄纱盖住了肩膀，她可能会意识到婴儿偶尔会出现吐奶的情况，也就是所谓的"呕奶"，吐出的液体混合着胃酸，从食道涌出嘴外。婴儿体内胃部顶端和食道之间的瓣膜肌肉环需要几个月的时间才能发育完全，所以，呕吐是很正常的，婴儿一天会吐好几次奶。食道中反出来的酸性牛奶令宝宝感到极度不适——如果你曾经遭受过消化不良的折磨，你就能体会到这种感觉。喂奶时保持直立的姿势，并在之后让宝宝保持直立 20～30 分钟会有很大的帮助。

虽然大多数婴儿能很好地应付这种偶尔出现的现象，但有些婴儿的症状非常严重，被称为胃食管反流病。其临床症状包括喂食后长时间哭闹、背部拱起和易怒。如果你的宝宝发育状况良好，体重增加正常，宝宝很有可能会在一岁左右的时候自行痊愈，因为到那时胃顶部的肌肉瓣膜已经发育完全。但是如果你的宝宝真的很痛苦，体重不增加或是呕吐得更为厉害，你应该联系卫生访视员或医生并寻求医生的建议。一旦他们确定致病原因是反流，适用于婴儿的抗酸药物可以用来治疗该症状。

大多数婴儿在傍晚时刻会哭得更加频繁，没有人知道确切的原因，尽管人们认为这可能是因为在一天之中的傍晚母亲泌乳量达到最低。然而，如果你的宝宝每天晚上都要哭很长时间，他们可能患有婴儿肠绞痛。全世界大约有 1／5 的婴儿患有这种疾病——所有婴儿患病的概率相同。典型的症状是每天的哭泣时间至少持续 3 小时，每周至少 3 天，持续至少 1 周。婴儿哭的时候可能会握紧拳头,或是把膝盖蜷缩到肚子上,并弓起脊背。一些专家认为,这可能只是婴儿哭泣时的一类正常动作,而另一些则假设这是因为不同种类的肠道细菌或不正常的肠道运动导致婴儿发出疼痛的信号。

对于父母来说,他们最为关心的是孩子无论如何要身体健康,发育良好并茁壮成长——尽管他们会哭。好消息是,大多数婴儿在 3 ~ 4 个月内就能摆脱肠绞痛。但是,如果你的孩子太过痛苦,那么养育孩子的头几个月将成为一个特别的挑战。记住一些事情:首先,这不是你或你妻子的错,你的孩子会长大的。其次,照顾你的妻子和你自己的心理健康也同样重要。只有这样,你才能在这个困难的时期里充分照顾好孩子。能够缓解肠绞痛并促使打嗝的技巧包括所有抚慰疼痛的技术、温暖的浴缸、轻柔的腹部按摩和蹬车式活动婴儿腿部。

你可以在药店甚至超市买到治疗肠绞痛的非处方药物。一些父母发现这些药物疗效很强,而另一些家长发现这些药物对于治疗根本无济于事。这些药物能够将体内所有较小的气泡聚集在一起,并形成较大的气泡,因而更容易从口中和肠道释放出来。一些治疗方法从孩子出生起就可以开始使用,但是有的方法,包括老式肠绞痛水,在你的孩子长到一个月大之前不应该尝试。在使用之前最好先咨询一下药剂师。老式肠绞痛水(不再生产了)含有酒精,不用多说,用酒精让你的宝宝停止哭泣,无论效果多么诱人,所有好的父母都是不能接受的。

·奶嘴辩论

一些父母选择使用奶嘴来安抚他们的宝宝。如果你的妻子正在进行母乳喂养，建议在你的宝宝长到 4～6 周大以前，或者在母乳的喂养关系稳定下来前不要使用奶嘴。吮吸妈妈乳头以外的东西不仅会让宝宝感到困惑，而且会让需要喂奶的时间变得难以察觉。无论你选择怎么做，都不要听从祖父母的"老人之言"，在奶嘴上涂一些像蜂蜜这样的甜食——除非你想要一个牙齿烂掉的宝宝。如果你和你的妻子已经决定尝试一下，那么就选择"扁头奶嘴"或是"正畸奶嘴"，因为这些类型的奶嘴一般对牙齿发育的损害最小，确保给你的宝宝留出足够的"奶嘴放风时间"，这样宝宝就可以通过咿呀学语发展早期的语言能力。一些证据显示，吮吸奶嘴会增加宝宝患中耳炎的风险。而另一些研究则表明，在夜间使用奶嘴可能会降低婴儿猝死综合征（SIDS），也就是"婴儿猝死"出现的概率——两种观点的争论至今未分出胜负。但是，假如你真的败于哭泣之手，那么即使只使用几个月的奶嘴，你也算是找到了一个救星。

·跌宕起伏

对父母们来说，一个经常哭闹的婴儿让刚出生后的那几个月变得极富挑战性，因此为你们全家找到一个解决问题的好方法是重中之重。给彼此留出远离宝宝的时间，这样你们就可以拥有一段属于自己的时光,而不是每天耳边都回响着宝宝哭泣的声音。如果你的朋友或家人愿意顶班照看,哪怕只是一两个小时也能帮上大忙。有时候,当孩子哭闹时,人们会达到情绪崩溃的临界点,进而感到无比沮丧,他们会忍不住使劲摇晃哭泣的孩子,或者开始对其产生许多负面的想法。如果你或你的妻子有这样的感觉,最稳妥的策略是把宝宝放在一个安全的地方。比如婴儿床上,然后关紧房门,让宝宝自己闹去,留给自己一些平复情绪或是寻求安慰的时间。你也可以随时给卫生访视员打电话。

如果看到这里你还没有放弃要一个孩子的想法,或者已经开始考虑让别人收养你的孩子,你可能会惊恐地发现,棘手的可不仅仅是宝宝的眼泪。为人父母无疑是一种非常情绪化的经历,再加上前臀疼痛、乳头酸痛和睡眠的剥夺,所有问题很快就会演变成一场歇斯底里。荷尔蒙的变化被认为是分娩1周后你的妻子患上"产后抑郁症"的原因之一。产生所有这些不安和焦虑的感觉,哪怕有时只是"我们到底做了什么"的疑问是完全正常的现象。超过50%的新手妈妈都会受到纷杂情绪的影响,但一般在宝宝出生后10天左右就会平静下来。而作为一位新手爸爸,你可能也经历着类似的情绪波动,但是依然不要放弃去支持和安抚你的妻子。时刻牢记这种经历是很常见的,如果可以的话,试着用一些幽默的方式把绝望的哭泣化作微笑的泪水。

·产后抑郁

假如情绪低落、时常流泪或是难以与宝宝建立亲密关系等症状持续出现超过 2 周，你的妻子或你可能患上了产后抑郁症。这种情况在孩子出生后第一年的任何时候都有可能发生。至少 1/10 的妈妈都受到了产后抑郁的影响，并且越来越多的爸爸们也意识到了这一点。

为人父母带来的情感和生理变化，以及人际关系的变化，都会对心理健康产生巨大的影响。不幸的是，这些感觉是如此鲜明强烈，以至于父母们开始对自己的孩子产生了消极的想法。要尽量早些发现产后抑郁症的相关症状，并且你要记住，这些症状的影响在你们夫妻二人前一视同仁。很多人发现，与他们的医疗团队谈论为人父母身体方面的困难要比谈论心理方面的困难容易得多，因此，助产士和卫生访视员会提供帮助，他们会在孩子出生后的几周内定期检查父母的心理健康状况。医院也有专门的团队负责围产期的心理健康，通过话疗方式甚至抗抑郁药物的早期干预，来防止症状恶化或是达到危机点。

不幸又幸运的是，到目前为止，最为罕见的、但能够影响女性分娩几个星期后精神状况的心理疾病就是产后精神病。产生幻觉、忧虑、虚无缥缈的信念或是妄想都可能是患上产后精神病的症状。然而病患往往意识不到自己的不对劲。如果你认为你的妻子正在向患病的方向靠拢，应该立刻将这种情况视为急诊范围, 以防她对自己或婴儿造成伤害。正如所有产后的心理健康问题一样, 无论是有精神病患病历史还是从未接触过这类疾病的女性, 产后精神病都会对其产生影响。所以如果你担心这个问题, 请立即寻求医疗手段的介入。

为父者说

我已经准备好面对女儿的哭泣, 甚至早已预料到我妻子的泪水, 但是让我吃惊的是, 眼泪竟这样悄然地进入了我的生活。第一个星期, 当我走进房间时, 常常发现我的另一半真的在哭泣——产前这几乎是很少发生的。谢天谢地, 它们主要是喜悦的眼泪, 因为她常被那种对新成员萌生的强烈爱意所打动。我因此而感到内疚: 没有产生同样感受的我是不是一位糟糕的父亲? 也许我和女儿需要更长的时间来建立联系。那位不那么敏感的卫生访视员在第一次家访时问我的妻子打算什么时候回去工作, 结果就是得到了更多的眼泪。还有一些爸爸告诉我, 他们发现自己站在百货商店中间擦眼泪, 仅仅是因为没有给妻子买到合适尺寸的胸罩或没有给孩子买到合适的婴儿服。还有一位父亲说, 当一位好心的访客带来了一束已然开始凋谢的鲜花时，他彻底崩溃了。我的建议是，温柔地给予支持，但不要去合理化或是探索每一次情绪爆发的原因。

　　成为一个父亲无疑是一种情感上的挑战。无论你是一个爱哭鬼，偶尔流上几滴眼泪，还是说你是一生中从未哭过的"顽石"，事情从来不是永恒不变的。多年来，人们一直对父亲的产后心理问题认识不足，但幸运的是，这种情况正在改变。有了孩子会对你和妻子的关系、经济安全、自由时间和社交网络产生立竿见影的影响。在我女儿出生前两天，一位年轻的父亲来我的诊所找我，他讲了一个让我开始深入思考如何从情感的角度应对生孩子问题的故事。他担心自己不能和6个月大的女儿建立亲密关系，因为他有一份繁忙的工作，每次回到家后，却不得不花时间照顾女儿，而不能像他和妻子以前那样享受有意义的生活。他筋疲力尽、情绪低落，现在工作时表现很差，并且开始有自杀的念头。这位爸爸很清楚，他爱他的妻子，也想对他的女儿产生同样的感觉，但是他的生活因为女儿的到来而变得如此混乱，以至于他在感情上看不到一条出路。我能看出他强烈的内疚感，于是我告诉他，我觉得他和1/10的父亲有同样的境遇，那就是患有产后抑郁症。他看起来很震惊，但也并没有纠结于自己是不是因为道德败坏，或是在某种程度上缺乏爱而得上这种病的。我向他保证，这是一个普遍的疾病，并且能够治愈。这位爸爸离开时问我，是否觉得他能去试着爱上他的女儿，就像他拼命想要做到的那样。我说我很有信心，只要你能接受正确的治疗。他听完这个消息后如释重负的样子，脸上出现的那种神情，我永远都不会忘记。无论你多么有男子汉气概，还是你认为——或是希望别人这么认为——自己无比坚忍，都不要低估足以改变你精神健康的环境力量。

• 她想要的 •

要掌握一些有效的抚慰方法，这样，当你的妻子累坏了的时候，你就可以喂养饥饿的宝宝了。

不要在你的妻子哭泣时提及荷尔蒙的作用，只是轻柔地安抚她，给她一个大大的拥抱就好。

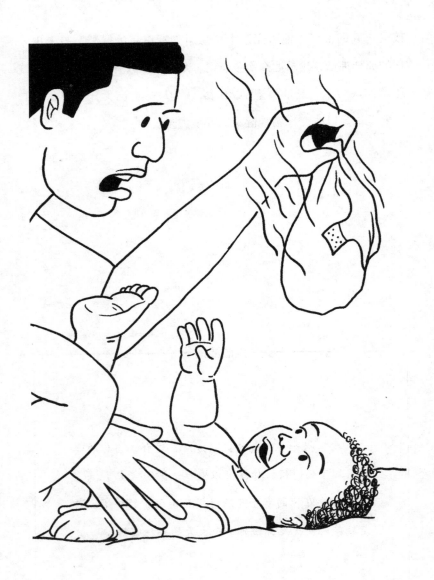

排便

——尿布之下的污秽与肮脏

医者之谈

人们常说，新生儿的生活就是一个循环，吃、便便、睡眠，循环往复在最初的几个星期尤为明显。当孩子睡着后，你可能会帮忙喂奶，也可能不会，但是换尿布的任务总是落到爸爸们的头上。即使你不能帮忙做其他的事情，但你总是可以清扫屎迹的吧？如果以前从来没有换过尿布，那么什么是常规的，什么又是最好的方法往往会引起你的关注。最好的建议就是在你第一次换尿布的时候请助产士帮助你。然后接受其他父母们的经验之谈。

·肮脏尿布

你的宝宝应该在出生后的 24 小时内会排出人生的第一次大便，这是一种黑色的、湿热的、充满黏性的沉积物，被称为胎粪。它是由婴儿在怀孕期间喝下的所有消化了的羊水、黏液和其他物质组成的。众所周知，第一次排便时粪便的黏性很大，因此很难擦掉，所以，耐心地多擦几次。当爸爸们享受到第一次换尿布的乐趣时，黏黏的、不易擦拭的胎便看起来就像是有人故意想让你成为一个完美的恶作剧的受害者，不过你并不孤单。在你之前，一代又一代的男人和女人都曾为此努力奋斗。

在接下来的3~4天里，胎粪变成了绿褐色的物质，然后逐渐转为黄色的或芥末色的半固体。如果你的宝宝是由母乳喂养的，它就会散发出一种奇怪的甜味。就像芥末一样，颗粒状的外观完全正常，没什么好担心的。配方奶粉喂养的婴儿会排出一种接近牙膏质感、淡黄色或棕色的便便，闻起来更像是真正的成人便便。

如果你在宝宝出生前没有学会换尿布这类忍术技能，不要害怕。熟能生巧，你已经进入了一个尿布新兵训练营——本周最开始15分钟的惨败很快就会变成一次熟练的军事行动。你的宝宝将需要频繁地更换尿布，在第一个星期结束时，你甚至已经换了100次以上。在这一周里，有的婴儿会在每次进食后排便，一般平均每天要更换4块尿布。到了第2周和第3周，事情逐渐开始稳定下来，虽然有些婴儿在每次进食后依然会放开肠道，而另一些则长时间不排泄。你的宝宝可能并不会日日排便，只要他们觉得舒服，这是完全正常的。当宝宝拉肚子的时候，肛门出现拉伤或是变红同样是正常现象。但是，如果他们感到不舒服或排便困难，这可能是出现便秘的征兆。你可以和医生或卫生访视员讨论自己的担忧。其他需要注意的警告标志包括：粉白色的便便，这可能表明肝脏有阻塞；或者粪便中带有新鲜血液。当出现任何恶性症状时，尽快给你的医生打电话。

·尿布湿了

希望这里也有很多排尿的婴儿。排尿是一个好的迹象，说明你的宝宝含水充足并且喂养情况良好。你不必在宝宝每次小便的时候都更换尿布，但是在第一个星期里，你应该以至少3个小时一次的频率进行更换，大便也包括在内。尿液的颜色应该是很浅的，而且没有刺激性的气味。尿液颜色深、有异味可能是脱水或发生感染的迹象。现代的尿布吸水性极好，它们饱含了大部分的尿液，于是你开始根据尿布的重量来判断宝宝尿了多少。作为一个指标，在前两个星期，每天弄湿8个尿布是正常标准，少于6个则是代表着脱水的警告。

如果你拥有的是一个女孩，在第一个星期你可能会注意到尿布上有少量白色的阴道分泌物，有时是少量的血迹。这是完全正常的，只是母亲的荷尔蒙在子宫中被消耗的结果。别担心，这将是宝宝多年之内的最后一次"经期"，会自行消失的。

·哪种尿布？

所以，现在你知道要思考什么问题了——你会选择哪种类型的尿布呢？一次性的还是可重复使用的（布型）尿布？购买一次性尿布也许会很费钱。因此，可重复使用的尿布便成了一个更具成本效益和绿色环保的解决方案——只要你有一台低能耗的洗衣机就行，甚至用不着烘干。为了减少扔进垃圾填埋场的尿布数量，一些委员会提供购买可重复使用尿布的优惠券。在你开始恐惧接连不断的清洗之前，可以先购买可生物降解的一次性尿布衬垫和可重复使用的尿布交替使用。超市和药店摆放着各种类型的一次性尿布，其中一些就是可生物降解的。一些一次性尿布还带有额外的功能，比如在尿布前面画有一条线，可以变化颜色，让你知道宝宝什么时候尿尿了，但遗憾的是，似乎还没有人研发出好用的便便检测器。有些人两种类型的尿布喜欢混合着使用，比如在大部分时间选择可重复使用的尿布，外出时使用一次性尿布。

· 尿布袋子

无论是使用可重复使用的环保尿布还是方便的一次性尿布，你都需要准备一个尿布袋，随身携带。从孩子降生开始，如果不能及时地补充下列任何一种物品，那么每一天都暗藏着潜在的灾难。一个好的袋子需要包含以下物品。

选好的尿布：在第一个星期，出门在外要保证每一个或两个小时更换一次。

清洁工具：无论是准备婴儿湿巾还是棉布和一锅水都可以，因为清洁是不可避免的。婴儿湿巾更适合新生儿使用，并且不含酒精。只含水的湿巾是一种方便且更为便宜的替代品。

尿布袋：装有足够的尿布，用来处理使用过的尿布和收起任何受到无辜牵连的衣服。

垫子：当你需要在高速公路服务站的地板上或是号称"干净"的婴儿更衣台上给宝宝换尿布时，折叠式的旅行垫子能帮上大忙。最好拥有自己的垫子，不要指望着别人的卫生情况。

护肤霜：自带的护肤霜，在宝宝屁股出现红肿和酸痛时用于涂抹。

换洗衣物：你至少需要一套干净的衣服，那是给宝宝穿的，当然希望用不上。

·更换尿布

你已经有了所有的装备，那么无论身处何地，要如何在不把所有东西都弄得到处都是的情况下更换尿布呢？接下来请看下面的内容。

提前收拾好所有你需要的东西：确保带上了新的尿布和清洁用品以及换洗的衣服，并放在一旦需要就能随手拿到的位置。否则在尿布被拿掉后，当你把视线从粪球上移开并在袋子或抽屉里找的每一秒钟，都可能会导致你因为遭遇粪便"滑铁卢"而懊悔许久。如果你没有做好充分的准备，那就做好失败的准备。

选择一个安全的地方：理想的情况是让你的宝宝仰面躺在用于更换的垫子或毛巾上。在桌子上换是个好选择，但目前为止地板是最安全的地方。千万不要把婴儿单独留在更衣台上。尽管新生儿不能自己翻身，但随着成长，婴儿会越来越熟练地进行扭动和翻滚，如果被放在无人看管的高处，危险随时可能会降临。

解开尿布：用一只手抓住宝宝的两只脚，然后向上抬起，让它们不要挡道。尽量和你的宝宝保持眼神交流，安慰宝宝并保持微笑。不要向宝宝露出看到便便后嫌弃的眼神——尽管在现实中，宝宝的便便大多是相当失礼的。

清洁宝宝的屁股：用肮脏的尿布擦去最恶心的便便，然后用棉布和温水或是无酒精婴儿湿巾仔细地清洁。擦拭尿布覆盖区域内的所有皮肤，特别要注意褶皱，这是很容易被漏掉之处。

女孩：对于她们要从前往后擦拭，以防止携带着细菌的粪便进入阴道或尿道（尿孔），增加尿液感染的风险。

男孩：为男孩擦拭睾丸和阴茎，但没有必要清洁包皮里面。

卷起肮脏的尿布：在把它放进尿布袋之前，用不干胶把它密封起来。一次性用品可以扔到室外的垃圾桶里。而可重复使用的物品则可以放在尿布袋或者水桶里，以备日后清洗。尿布需要在 60 摄氏度的环境下进行清洁，用不了多久你就可以用机器将它们洗干净了。

换上新的尿布：把新的尿布垫在宝宝的屁股下面，通常粘贴处放在后面，向前方贴合。确保尿布被拉得足够高，远远超过臀部乃至小部分背部。把宝宝两腿之间的舌状部分拉起来，紧紧地拉住粘贴位置，贴到前板上。检查一下尿布是否密封，大腿周围的褶边有没有被拉出以免出现渗漏。

洗手：完工之后一定要洗手，以防止将感染病传给你的宝宝。

提醒一句，小宝宝很难或根本不能控制他们的肠道和膀胱，所以要注意，只要拿掉尿布，大量的便便和尿液就可能会外漏。如果有阴茎，软管效应意味着你的脸和眼睛有被淋湿的风险，所以一定要小心地、迅速地换掉尿布。有些人会先打开干净的尿布并放在宝宝身下，然后再抽出原先的尿布，这样在脏尿布被拿走之前新的就已经就位了。这样做可以避免在更换尿布时出现纰漏而让你和垫子雨露均沾。

·脐带残端

当你回首分娩的时候，也许会记得脐带曾被夹紧剪断。其中一个塑料夹子始终留在脐带的剩余部分上，直到"残肢"风干脱落（大约一到两周后），留下新形成的肚脐。在"残肢"风干的过程中，重要的是要让它远离脏尿布里的东西。在肚脐形成之前，一定要把尿布的前面向下弯折，让脐带的残留部分压在尿布上面。许多新生儿使用的尿布会在前方开一个"缺口"来保护残端。一旦脱落，肚脐部位就会有一个小伤口，10天左右会愈合。它看上去很脏，有时甚至会将血流到衣服或尿布上。如果这块区域变得通红，闻起来也很恶心或是让你的宝宝感到不舒服，请联系助产士或者医生。

·尿布疹子

当粪便中的细菌与尿布中的尿液结合时，它们会产生一种叫作氨的物质，这种物质会对婴儿的皮肤产生强烈的刺激，并可能导致尿布周围的皮肤红肿发炎。婴儿的皮肤比其他人更为细嫩，避免尿布疹子的关键是定期更换尿布。湿尿布不是什么大问题，但还是要尽快更换。在皮肤敏感的婴儿身上涂上一层薄薄的防晒霜，或者在婴儿出现皮肤发红症状的第一时间涂上护臀膏，可以给婴儿的皮肤在出现病变前提供一些保护。不使用尿布的时间也要注意。在一个温暖的房间里，让你的宝宝躺在换洗的垫子上，下面垫好干净的新尿布。留出一些时间让宝宝的皮肤自然风干，不要直接接触尿布，这样可以帮助宝宝的尿布疹迅速好转。如果皮肤开始变红，可以定期使用药膏，以帮助缓解症状。而对于一些更严重的症状，可以联系医生或卫生访视员寻求帮助。

为父者说

在我考虑是否要生孩子的前几年里，偶尔会看到一位家长疯狂地冲向给婴儿换尿布的地方，身后几步外还有一个抱了一堆脏尿布的孩子。这简直是一场灾难，我总是将其归咎于一对糟糕的父母、垃圾尿布或是患有严重肠道问题的婴儿。更糟糕的是，我错误地认为"便便"永远不会成为我养育孩子道路上的阻碍。这真是大错特错了。当我意识到女儿新排的便便不仅仅局限于我完美包好的尿布，甚至一路蜿蜒到她的背部，用一种"芳香的"、高度染色的黄色便便染料覆盖了汽车安全座椅和其他所有东西，这种染料需要高强度的去污剂才能让织物恢复到接近原来的颜色，便便可不仅仅是不称职的父母的专利。合身、系紧的尿布可以降低外漏的风险，但是当稀稀的粪便、婴儿的姿势以及新生儿汹涌的排便量等特征结合在一起时，只能意味着它们是一种持续的危险。在事后先仔细考虑一下这件脏衣服到底有多特殊，以及你的宝贝孩子长大后还会不会再穿这件衣服——有时候扔掉受影响最为严重的衣服从而减少损失是最佳的策略。如果做不到这一点，买一个可以倒在手上（适合敏感的皮肤）的超大包特级去污剂，并准备一个水槽或水桶用来好好地擦洗和浸泡。

作为一名医生，被婴儿尿湿的风险是我相当熟悉的事情。学会如何避免婴儿尿在你的脸上，是一名儿科医师最高的生存技巧。众所周知，男孩的阴茎会使用"水管"把戏，能够完美地将一个强大的"水柱"喷射器对准旁观者的眼睛。但你要小心还有女孩，她们做事要隐蔽得多，因此，常常被在桌子和垫子上换尿布的人忽视，直到她们穿上睡衣后才终于发现后背已经完全湿透了。尽管我有全套的施行计划，却常常得不到妻子的认可，除非我们提前商量好统一的行动方针。

·离家出走

当你在家里拥有一个设置良好的更衣室，有充足的干净毛巾和尿布袋可以取用的时候，解决便便问题所造成的附加损害就会少了。但是，换衣服是另外一种完全不同的游戏。我衷心感谢所有的公共场所，它们提供了干净、宽敞的换尿布设施，让那些正处于噩梦中的父母们备感欣慰，尤其是那些终于明白父亲才是这项任务的紧急执行者的人，因为把婴儿换尿布的地方设在女厕所里是不可行的。一个男人穿着一件沾满便便的衬衫，抱着一个婴儿，在女厕所门口探头探脑，这对双方来说都是一种侮辱。而我随身带着一个便携式的换衣垫，对那些我称之为极端变化的事情可手到擒来。当然，男厕所的地板却不那么令人满意了。在我的人生中，我第一次学会了憎恨那些将小便撒出便池的男人们。

　　要善于更换尿布，出门在外时知道如何打包更
衣袋。

　　不要惊讶于宝宝尿在了你的背上或是妻子建议
你清理一下自己。

睡 眠

——孩子要睡，你不用！

医者之谈

你可能维持着紧张的心情翻到了这一章，害怕看到你内心早有预料的事情成真。任何没有孩子的朋友都会很高兴地告诉你，作为一个新手爸爸，你的睡眠模式无疑会乱作一团。然而，在大自然的巧妙应对下，你可能已经进行了为时40周漫长的睡眠剥夺训练计划，而你的妻子因为整夜起床去上厕所，或者因怀孕的不适而辗转反侧影响你的睡眠。你可能不知道的是，新生儿的睡眠时间很久——一天有24小时，而大多数婴儿的睡眠时间可长达18小时，只是婴儿并不一定会在你想睡觉的时候乖乖闭眼。

你会发现宝宝在出生的第一天会非常困倦，因为出生的巨大消耗让人筋疲力尽。再一次的，大自然站在了你这边。这种疲惫给予了你和妻子一个从分娩马拉松中恢复过来的机会，一定要充分利用这一点。鼓励你的妻子在宝宝睡觉的时候尽可能多的休息，因为这种平静不会维持太久。坏消息是，在这个短暂放松时刻之后，新生儿通常每次只睡1～3个小时，因为渴求食物而规律性地从睡眠中苏醒。在最初的几个星期里，白天和夜晚的生物钟还没有形成，所以对他们来说，凌晨2点是吃午餐零食的最佳时间。最好的办法是不要与之抗争：一种固定的模式会随着时间的推移而逐步建立。更积极的一面是，新生儿很少能一次保持90分钟以上的清醒状态。所以，即使他们在这段时间里不停地哭泣，也很快就会结束。

在宝贵的头几周里，你需要根据宝宝的需要来引导他们，并在过山车式起伏不定的时间里尽可能多睡觉，因为现在让宝宝进入常规生活还为时过早。到了第3周，你的宝宝可能会开始产生昼夜的概念，到了第6周时，大多数宝宝晚上睡觉的时间会比在白天睡觉的时间多得多。你看，我保证一切都会有所好转的。从第3周就开始帮助你的宝宝学会分辨白天和黑夜。在白天，要保持室内灯光明亮，用眼神进行交流，和宝宝玩耍。在晚上，要保持低照明，特别是在哺乳的时候，避免眼神接触或过度刺激。这可能看上去对孩子不太友好，但是你们两人的出现会让你的孩子感到安心，至少补过觉的父母往往会有更好的心态来照顾他们的孩子。

如果你或你的妻子希望在开始的几个星期里能将夜晚时间提前，那么还请三思。新生儿通常会在晚上醒来（哭泣）并且需要摄入大量母乳。许多父母直到晚上11点左右才能安顿下来，还是在一系列晚上的哺乳之后，所以，你可能会发现这个新成员加入了晚餐和套餐计划，而不是像所希望的那样给你提前留出时间。睡觉的概念基本上是不存在的，直到宝宝约8周大的时候，才会有一部分婴儿开始在晚上入睡。每个宝宝都是不同的，没有固定的规则，所以，如果别人的宝宝睡得比你家宝宝"沉"（或者只是长一点），不要责怪自己，这或许只是暴风雨前的平静罢了。规避比较的诱惑是一种相当有价值的育儿自我舒缓方式。

你很快就会成为育儿专家。尽量不要养成一些可笑的习惯，比如每天晚上开车绕着街区哄宝宝睡觉，否则，你可能不得不在接下来的几个月里一直这样做。在"哭泣"章里有很多不同的安抚技巧，你很快就会找到一些对你和宝宝都有效的方法。这也是一个与宝宝建立亲密关系的好机会，没有什么比让宝宝在你的怀里睡着更令人满意的了。

· 襁褓艺术

几个世纪以来，这种用薄纱或薄毯包裹婴儿的古老做法一直被用来帮助年幼的婴儿入睡。它能给予婴儿抚慰，因为它模仿了宝宝待在子宫里时的感觉，同时，如果操作正确，可以通过摇晃宝宝的胳膊和腿来防止宝宝自行醒来，实际上有证据表明这种方法可以减少婴儿猝死的概率。这种襁褓艺术介于包装礼物和折叠墨西哥卷饼之间，而新生儿就仿佛是辣椒和辛辣调料的混合物。如果你在第一次尝试的时候观看一个在线讲授"如何包裹"的视频，那么你很快就会成为一个"大师"。

·入睡时刻

人们常说，没有什么比一个熟睡的婴儿更平静的了。这是真的，但不幸的是，也没有什么比父母看着睡着的婴儿并检查他们是否还有呼吸更平静的事情了。婴儿的呼吸非常轻浅，有时几乎让旁观者相信婴儿根本没在呼吸。这是可以理解的，新手父母们的巨大恐惧就是婴儿猝死，或称婴儿猝死综合征（SIDS）。所幸这种情况非常少见，在英国每年大约有 300 名婴儿死于婴儿猝死综合征。确切的致病原因仍然是未知的，但人们一般认为这与婴儿如何调节他们的心率、呼吸或温度以应对环境压力的情况有关。父母很容易因为担忧而失去判断力，所以最好听从助产士或卫生访视员的建议，做所有有把握的事情，减少风险，然后放松心态。

由于尚年幼的婴儿不擅长调节自己的体温，你需要通过调节冷热来帮助他们控制自身的温度。许多年来，婴儿都是趴着睡觉的，但在 20 世纪 90 年代初期，发起了"重返睡眠，脚对脚"的运动，这大大减少了小岛屿发展中国家的病例数量。那么，这意味着什么呢？首先，让你的宝宝用仰卧的姿势入睡，这样他们就不太可能体温过热或是把脸埋到床垫里。不要试图让他们侧卧入睡，因为他们可能会在睡着后又翻回仰卧。最后，把婴儿的脚放在婴儿床、婴儿车或篮子的支脚旁边，这样如果婴儿在睡觉时踢腿和扭动，只会把毯子和被子从脚上顶开，而不是冒着过热或窒息的风险滑到毯子和被子下方。

　　婴儿睡觉的房间温度应为 16 ~ 20 摄氏度 /60 ~ 69 华氏度。给宝宝盖上轻便的被褥，或者放在特别设计的婴儿睡袋里——这些睡袋可以根据不同的天气情况调整不同的重量或是衣服。永远不要在婴儿床上使用羽绒被。而细胞毯，拥有华夫饼似的小孔，是理想的婴儿床上用品，因为它们非常透气。不过睡袋也很好，虽然多半价格高昂。如果你想密切关注宝宝的体温，很多智能手机上带有的温度计 App 程序或是专用温度计均可被设置在婴儿床附近。不要过分关注数字，但是一定要注意极端的温度，比如炎热的夏天或是严寒的冬天。最好的建议是给你的宝宝在自己的基础上多加一层衣服，让其保持在一个舒适的温度中。以下有一个给孩子的粗略穿衣指南。

　　25 摄氏度 / 77 华氏度以上：只穿背心——婴儿一般不会需要任何毯子或睡袋。

　　22 ~ 25 摄氏度 / 71 ~ 77 华氏度：背心加上一层毯子或是一个 0.5 ~ 1-tog 睡袋。

　　18 ~ 21 摄氏度 / 64 ~ 70 华氏度：背心和睡衣或是一件带单层毯子加上一个 1-tog 睡袋。

　　15 ~ 17 摄氏度 / 59 ~ 63 华氏度：背心和睡衣或是两层毯子加上 2-tog 睡袋。

　　15 摄氏度 /59 华氏度以下：背心和三层毯子或是 3 ~ 3.5-tog 睡袋。

·相伴入眠

至少在前 6 个月里，你的宝宝应该和你以及你的妻子睡在同一个房间。单独睡觉的婴儿发生猝死的概率几乎是睡在父母房间小床上婴儿的两倍，但幸运的是，6 个月以后就很少发生了。建议让宝宝睡在你房间的小床或是婴儿篮里，但是许多妈妈们希望有一段时间她们的宝宝能够睡在她们的床上，这就是所谓的相伴入眠。关于这样做是否安全的争论是相当激烈的。睡在一起可以为哺乳期的母亲在夜间哺乳提供便利，也有利于增进母亲和孩子间的亲密关系。婴儿猝死导致的死亡在用母乳喂养的宝宝中并不常见，所以，建议使用奶瓶喂养婴儿的父母不要和他们的孩子睡在一起。人们认为用母乳喂养孩子的母亲在宝宝身旁睡觉时反而最为安全，因此，即便是母乳喂养婴儿的父亲或是其他照顾者也不应该和婴儿单独睡在床上。尽管母亲们担心孩子窒息的心情是可以理解的，但值得记住的是，只有 1% 的婴儿猝死是由于在床上意外窒息导致的。

在一些情况下，父母要避免和孩子同床共枕。如果你的宝宝早产（怀孕少于 37 周）或出生时体重偏低，你和你的妻子都不应该和宝宝相伴入眠，因为这类婴儿猝死的最低风险比其他婴儿要高。如果你们中的任何一方有吸烟（即使不在卧室或家里抽）、喝酒的习惯，或是极度疲劳，那么你们也不应该睡在一起。无论发生什么，不要抱着宝宝在沙发或扶手椅上入睡。

所有的软垫子，以及其他家具的边缘和缝隙都会显著增加婴儿猝死综合征的概率。

如果你正在做着关于婴儿猝死的噩梦，但是又想让你的宝宝晚上都睡在你身边，一个专用于相伴入眠的婴儿床可能是解决问题的好办法。这是经过特别设计后的婴儿床，可以连接到你的床的一边，靠近床沿的一边可以折叠下来，在夜晚能让你的宝宝更容易被喂食。这些既带来了方便和亲密，也没有风险，更重要的是，还会为你和妻子在大床上留出睡觉的位置。

为父者说

缺乏睡眠是一种公认的折磨形式，无论你是一个 8 小时睡眠的人还是一个天生的失眠症患者，一旦宝宝出生，你就会发现自己的睡眠模式发生改变。这些年来，我上过很多次夜班，我已经非常习惯于在凌晨 4 点做重要的决定，或是从短暂的睡眠中被叫醒去参加心脏骤停急救，但是，作为一个新手爸爸，所经历的睡眠剥夺在某种程度上和之前是不同的。无论是夜班，还是重要会议之前的一个不眠之夜，间歇性的睡眠情况通常都有一个终点，随之而来的就是能够睡个懒觉或是提前一晚的养精蓄锐。但当我开始作为一个父亲生活下去的时候，我很快意识到这是一份没有休息日和真正休息时间的工作，还要常常被迫中断睡眠，而且没有补觉的机会。不过和其他事情一样，我开始调整自己的作息，尽可能早点儿上床睡觉，为能够预测出晚上被吵醒的次数而感到欣喜。

·黄疸之日

刚开始的几天，我女儿特别容易犯困，尤其是在晚上。你可能认为这是一个附加好处，但是，事实证明她有轻微的黄疸病（详情见"关心"章）。其结果就是她比平时睡得更多，但又需要兼有规律性的饮食，以保持她体内的水分和冲击她系统内的黄疸。尽管我的睡眠控制中心提出了强烈的抗议，我和妻子还是设置了闹钟，每4小时叫醒一次——如果女儿还没有睡着的话——再给她一些牛奶。有几次，女儿实在是太困了，我们不得不用一些温柔的方式，带她四处走动，或脱掉衣服，甚至用一块覆盖在屁股上的凉爽海绵把她从睡梦中唤醒，喂食完毕后再让她入睡。

·农家小院

对于浅眠者来说，在新生儿旁边打瞌睡可能是一个挑战。早些时候我睡着的女儿发出的声音实在太响，以至于我以为自己在和一群农场动物过夜，但这都是可以被原谅的。空气中虽然在不断传来抽鼻子、尖叫和打鼾的隆隆声，但我至少能够确认她还在呼吸！女儿就睡在我们床边的婴儿床上，很方便夜间的母乳喂养，但是，不管是因为缺乏睡眠还是初为父母的焦虑，在最初的几个星期里，我经常在恐慌中惊醒，发现自己在黑暗中摸索着，以为自己要么是在她身上睡着了，要么就是她不知怎么从婴儿床里消失了。不可避免地，借助我手机的光亮，我和妻子惊慌失措、睡眼蒙眬地寻找女儿，最后发现她躺在原处，而且不像我，她睡得很香。嗯，伴随着农场的背景音陷入梦乡中。

· **睡眠策略**

刚开始的几个星期，我和妻子一起起床，当妻子在晚上喂奶的时候，我也陪着她，给予她一些鼓励，直到她和我的女儿都掌握了母乳喂养的配合诀窍。有时我需要返回单位加班，鉴于熬夜不是一个好习惯，我一般会在上班前先试着为早晨换尿布和娱乐活动做准备，然后再冲出家门上班。与我交谈过的许多父亲都总结出了不同的策略，得以保证他们夫妻两人最大限度的睡眠。这完全取决于谁在做什么，又是在什么时候做的，以及他们是否必须去工作，但总归会有一个解决方案可以减轻你们夫妻的痛苦。有些爸爸采用分房而睡，有些爸爸鼓励他们的妻子早点上床睡觉，自己则在午夜左右给宝宝喂奶，然后再上床睡觉。这样，他们的妻子睡醒并进行下一次母乳喂养之前，可以拥有 6 个小时或更长的睡眠时间。还有一些夫妻则根据一周的工作日和周末的休息时间，提出了错开睡眠时间和职责变化的组合方案。这是值得尝试的几个方法，可以看看哪个对你有用，如果你尝试半夜喂奶的选项，你会发现一天中因此空出了完美的大块时间，可每天晚上看一本书，当然会有一个饥饿的婴儿作为小插曲——我可以担保。

· 她想要的 ·

要提出一个对夫妻双方都有益的睡眠方案，这样两个人都可以得到充分休息。

不要过多关注别的父母提及的孩子睡眠情况并和自己的孩子进行比较，他们有可能是在夸大其词!

关心

——羽翼之下

医者之谈

　　大多数时候，你在家使用的高规格电器都有相应的故障排除指南。但现在，你可能正在盯着迄今为止见过最为珍贵的"快递"，想知道每个按钮到底是用来做什么的，它的工作原理又是什么——在那顶小小的童帽之下。这一章不能教会你所有的东西，否则我就要出版一本冗长而无聊的育儿教科书了。但是，让我们从头到脚观察一下你的新宝宝，然后自问，一切都正常吗？这里的维护说明到底是什么？

·全身指南

　　出生后，你的快乐源泉可能会带有一些碰撞和擦伤，特别是当宝宝由器械分娩的时候。这些伤痕通常会在出生后的几周里迅速消散，不需要引起任何担忧。一位儿科医生或是专业的助产士会在宝宝出生不久后对其进行一次系统性的检查，如果你发现了任何正在担心的问题，一定要开口去问。

　　在婴儿的头顶上，你会发现有一个菱形的圆滑斑痕，在头部后方也会有另一个类似的区域。它们被称为"囟门

（fontanelle）"，展现了头骨骨骼尚未闭合的部分。触摸和清洁它们不会造成任何危险，直到宝宝长到一岁，那些骨头最终闭合在一起时，这些斑痕才会消失。

而胎记是非常常见的，尤其是覆于额头、眼睑或脖子上的类型。有的可能是粉红色或红色的 V 形标记，也被称为"鹳吻纹"或"鲑鱼斑"，从出生起就存在了，通常会在几个月内褪色，最终无影无踪。其他被称为"草莓印"或"婴儿血管瘤"的标记则是在婴儿出生后的几天里浮现。它们可能会在一段时间内继续生长，但在一般情况下会自行消退。如果它们长得特别大以至于变得引人注目，就要让医生来检查一下。

凝视着宝宝美丽的眼睛，你可能想知道他们眼中的世界是怎样的？答案是一切都从模糊中开始。你的孩子大概需要一年的时间才能像你一样看到这个世界真正的样子。在出生后的第 1 个月，宝宝只能把视线聚焦在 2～30 厘米之外的物体上，这个距离刚好可以让宝宝在被抱着的时候看清其漂亮的面部特征、在脏兮兮的尿布上皱起鼻子，或是在吸吮乳头时看到妈妈的脸。如果你对孩子眼睛的颜色特别执着，不要兴奋得太早。许多孩子出生时眼睛是蓝色的，但在接下来的 6～9 个月里会逐渐变暗。在孩子大约一岁之前，眼睛的颜色通常是不固定的。偶尔你可能会注意到，孩子的一只眼睛在略微向内或向外看的同时，另一只眼睛却在直视前方。这就是所谓的斜视。偶尔的斜视情况在新生儿中非常常见，所以没有什么可担心的。斜视情况应该在3个月左右的时候就已经可以被矫正过来了，所以，假如孩子依然斜视，或者家中存在相关的家族病史，请和卫生访视员或医生谈谈。

大约1/5的新生儿在出生时存在一个或全部泪道阻塞。这会导致泪眼现象，因为天然的泪膜没有地方排出水分。在入睡后，泪道阻塞会致使黏性或硬物在眼部周围沉积。通常在第一年内，泪道会自行疏通，但与此同时，仍需要用浸泡在冷却的开水中的棉签清洁眼睛，并始终按照从鼻子一侧向外擦的轨迹，每只眼睛都要使用单独的棉签。

宝宝的脸上还可能会出现红色或白色的斑点，看起来有点儿像痤疮。这可能正是婴儿痤疮的症状所在，但也属于一种常见的病症。好吧，这不是你在早期社交媒体上展示的最漂亮的造型，但你如果放任不管，皮肤会自己沉淀下来，且不会留下任何疤痕。不管在心理上能获得多大的愉悦感，不要试图挤破痘痘，因为就像成年人患痤疮一样，它会增加因感染而发展成长期性皮肤损伤的风险。若皮疹在按压时不会消失（最容易测试的方法是用透明玻璃按压受影响的皮肤），可能是脑膜炎等严重疾病的一大征兆，尤其是伴有发烧或不适症状产生时，应立即就医检查。

你的宝宝看起来是有点晒黑还是那些黑色并不是真正的肤色？皮肤和眼白部位发黄是患有黄疸的信号，也是新生儿中最为常见的疾病之一。从出生后的第2天至第2周之间，黄疸可能会在任何时间发展，并在 2 ～ 3 天内达到高峰期。它由一个自然过程引发，即红细胞被分解成一种叫胆红素的黄色物质，再经由肝脏从血液中析出。新生儿的肝脏还不够成熟，不能处理多余的胆红素，所以，它会滞留在血液中，引起肤色和眼白的变化。只要你的宝宝身体健康，饮食正常，黄疸通常会在几天内消退，不会引起过多的关注。如果你在宝宝出生后的 24 小时内出现黄疸，或是患病持续超过两周，请联系你的医生或者卫生访视员。通常情况下，医生会进行血液检查，以检查黄疸的严重程度，如果有必要的话，也可以进行光疗，医生需要使用一种特殊的"太阳床"灯，将胆红素分解成幼小肝脏能够处理的形式。

由于婴儿的皮肤异常细腻，他们出生时会被一层白色物质所覆盖，这是他们自带的完全天然的"保湿服务"。尽管看起来有点儿不舒服，但尽量不要洗掉它们。让皮肤自然地吸收这种物质有助于起到滋养和保护的效果，因为它已经适应了子宫温床之外的生活环境。超过预产期出生的婴儿皮肤上胎膜通常较少，皮肤上也会有很多褶皱，特别是在手部和脚部——看上去有点儿像你在浴缸里泡太久后制造的"皱纹"。这种"熟过头"的现象不会持续太久，你可能会注意到手和脚上的皮肤会逐渐脱落，露出下面光滑柔软的那一层来。

· 保养说明

虽然新生儿看上去是如此诱人，以至于你想像对待奖杯一样将它擦洗抛光至闪闪发亮，但事实上在出生后的一周内，婴儿并不需要洗澡。

在这段时间里，你和妻子只能从头到脚地对着宝宝过个眼瘾，并用温水（理想情况是冷却后的开水）和棉布清洁宝宝的脸部和被尿布覆盖住的区域。是的，在《育儿手册》里有太多关于冷却开水的内容，做起来也和听上去一样简单。首先在水壶里烧好开水，然后让水冷却至你想要的温度，仔细检查一下水温是否过高，最后用这种新鲜的"家用净化"水清洗你的宝宝。使用各自单独的棉布擦拭其面部、身体和尿布覆盖区域，而每只眼睛则要用干净的棉签清洗。此时此刻，你不需要使用任何肥皂或乳液制品，只需要让天然的胎膜随着时间被吸收。等到第1周过去，此时就可以给宝宝洗澡了。一开始的时间很短，一般每2～3天为婴儿洗一次澡，直到开始习惯为止。有的婴儿讨厌洗澡，新手父母在第一次把孩子抱入浴缸时总是过于小心谨慎。一定要在最初的几次尝试中尽量控制好紧张情绪，因为毫无疑问你的宝宝会感知到。当这样做一个星期后，你就会成为一个自信的洗衣工老爹。你可以在一个专门的婴儿浴缸里给宝宝洗澡，也可以在主浴缸里放置一个防滑垫或是能连接到底部的婴儿浴座。应保持浴室的温暖，并检查水温是否合适——

即使婴儿不喜欢温水浴，紧张的父母往往会让浴室变得过于凉爽。当然，也不能太热。人的肘部的皮肤非常敏感，可以用来检查水温，尽管用手肘试温看上去实在是有些奇怪。

一旦一切准备就绪，毛巾也准备好了，就可以将宝宝脱光，只剩下尿布。然后用毛巾包裹住婴儿，清洁他们的脸颊，全身上下依次擦洗。然后再把他们放在浴缸的边缘处，用毛巾把头发擦拭干净。再让宝宝重新躺下，拿掉尿布，确保他们没有在你用胳膊肘试验水温的时候厚着脸皮拉上一泡。显然，如果他们真的这样做了，需要先把秽物收拾干净——没有人想在第一次给宝宝洗澡的时候看到缸中漂浮物。你会很欣喜地得知，一旦把婴儿放进浴缸里，婴儿几乎不会大便，但是一不注意在可爱而温暖的水中进行一次迅速的小解并不破坏游戏规则。轻轻地把他放入浴缸中，如果你没有婴儿浴缸或座椅作为支持，就把一只手放在宝宝的上背部，抓住手臂并支撑住头部。另一只手放在下背部和臀部，然后再把宝宝放入水中。最初的几次尝试可以被看作是你们之间的"洗澡练习"，所以，请多试几次以便让你们夫妻习惯这个姿势。新生儿在努力协调自己体温的时候会很快变冷，所以待几分钟就足够了。另一方面，在撑住宝宝的同时进行清洁是一项更高水平的技能，需要多加练习。你可以用手舀水并从孩子的后背往下泼，或者更好的方法是用上另一只手。想要你和宝宝双方都对洗澡的情况感到满意，对于一些婴儿（和他们的父母）来说可能要洗上好几次，用婴儿法兰绒或海绵温柔地擦干他们，从头部和脸部开始，再到臀部和生殖器，因为即使是懵懂的婴儿也不希望用自己的擦屁股布洗脸。不要忘记耳朵后面这个关键部位，以及脖子的褶皱和胳膊下面。有的父母经常带着有奶酪味腋窝的婴儿来看我，这就是没有好好清洗褶皱的结果，你已经被警告过了。对了，还有一件事，不要让你的宝宝独自在浴缸里洗澡。

在洗澡的乐趣结束之后，迅速用准备好的毛巾从温暖的洗澡水切换至舒适毛巾的包裹模式。特别是在硬水区，洗澡会使婴儿的皮肤变干，所以，你或妻子可能愿意给自己和宝宝一起做一个按摩，用一种适合新生儿使用的油来软化皮肤，共同享受浴后时光。洗完澡后一定要快速换上尿布，以避免之前的所有苦工白费。

在刚开始的几周尽管做了最大的努力，你可能还是会发现宝宝的头上出现了一些油腻的黄色鳞片。这种现象被称为"摇篮帽"，在婴儿中常见且不会传染，也与父母不当的沐浴过程或卫生技能无关。这种病症一般会在几个月内自行脱落，但如果你想加快痊愈速度，也可以使用天然油来软化鳞片，并用婴儿洗发水清洗宝宝的头部。柔软婴儿刷在婴儿头部的轻轻刷洗将有助于松脱鳞片，虽然在没有头发的情况下这样做感觉上有些奇怪。抑制住挑落鳞片的诱惑，因为这可能会破坏皮肤，让它暴露在感染之中。如果你担心这个问题，同上，随时可以向相关人员咨询。

　　新生儿的指甲长得飞快，剪指甲变成了一件困难的工作。长指甲的婴儿常常会抓伤自己，从而刺激到脸部和身体的皮肤，所以指甲要定期进行修剪。很多父母曾眼含泪光地向我哭诉他们在孩子手上制造的细小伤口，因为那些小小的指甲加上到处乱动的双手实在是剪指甲道路上的一种挑战。有的人说可以用牙将指甲啃平，但我不推荐这样做，因为会带来细菌，并在婴儿的指甲上留下锯齿状的边缘。最开始的时候，你可以把指甲锉平或者用婴儿指甲剪小心地修剪，最好是在宝宝睡着的时候，但是一定避开那些手指肉垫。使用指甲刀时要格外小心，因为它们非常锋利，如果你走神了的话，指甲刀会化身为一个削肉利器。也要检查一下脚指甲，但是它们通常不会像手指甲长得那么快。一旦指甲们被清洗、抛光、修剪，最后和宝宝一起陷入沉睡后，毫无疑问，你会继续凝视着宝宝，无法相信，他的身上竟流淌着一半你的血脉。

· 警惕之症

　　有时候新生儿做的一些事情可能会让人感到担忧。第一种是抽搐。无论是睡着还是醒着，偶尔的颤动都是很正常的，一般也只会持续一两秒钟，而随着神经系统的完全发育，这种颤动渐渐不再出现了。然而，一旦颤动的时间超过了上述数字，那么就要针对症状进行紧急检查了。第二种是不规则的呼吸。成年人脑干中控制正常呼吸的中枢需要时间发育，所以婴儿在出生后的前6个月可能会出现呼吸轻浅且不规则的现象，有时甚至会出现长达10秒的停顿，这些都是能被无视的。然而，如果你注意到宝宝在重新开始呼吸前停止了20秒以上，这可能代表了一种短暂的未解之症（BRUE），你应该马上叫救护车或直接带你的孩子到医院儿科进行检查。如果你的宝宝开始发烧，同时变得昏昏欲睡、不能正常进食，或者因为各种原因引起了你的担忧，立即给医生打电话，要求预约急诊。在电话里要时刻向诊所接待员提及你孩子的年龄，这样他们就能安排宝宝尽快就诊。而假若诊所不能为宝宝及时看病，年幼孩子的病情会迅速恶化。

　　如果你还是心存担忧，就直接带他们去最近的急诊室检查。当3个月以下的婴儿发烧时，除非得到了专业医疗人员的建议，否则不要给他们服用扑热息痛或布洛芬一类的药物。在开始任何治疗之前，他们需要先由医生进行评估并确定发烧的原因。

·产后检查

　　几个星期过去了，在照顾宝宝方面，你变得越来越有信心。当然，卫生访视员和医生总是可以回答你所提出的任何问题。在第6周的时候，你的妻子和孩子都会收到一个复查预约，通常是由你们的医生和卫生访视员进行陪同。医生会安排两次预约，母亲和孩子各一次，这又是一个用来解决疑问的完美时机。一定要随身携带儿童健康记录或"红皮书"，因为医生将对你的宝宝做全面的身体检查，就像出生后不久所做的那样。你的妻子则会叙述她在分娩后遇到的各种问题，如果她愿意，医生还会检查伤口的愈合情况。

· 避孕行为

产后第 6 周的检查是你的妻子和医生讨论避孕问题的好时机。也就是说，你并没有再添新丁的打算。即使你的妻子仍在哺乳，例假也没有到来，如果在此期间进行了没有保护措施的性行为，仍然有怀孕的可能。生产后，女方静脉血栓形成的风险会旋即增加，所以不推荐她使用任何含有或能刺激雌激素的避孕方式，例如联合避孕药、阴道环和膏药，因为它们会进一步提高这种风险。雌激素也可能导致无法控制的母乳分泌，所以，至少在前 6 周要尽量避免接触这些东西。如果你想在这个时间点之前回到性爱游戏之中，仍然有很多避孕的方法可以选择。单纯孕激素避孕药（或迷你避孕药）、皮下埋植剂避孕法、注射避孕药以及男用或女用的避孕套均在可用范围内。内用避孕法还包括宫内节育器（IUD）和宫内节育系统（IUS）——也就是子宫环，它们被设置在子宫内部，借由一种带螺纹的线状物经子宫颈进入阴道顶部。这类东西可以在分娩后的 48 小时内植入，若是一听到子宫环就感到浑身不舒服，也可以于 4 周后再次植入。到了这个时刻，性和怀孕可能是你们最不愿意设想的事情，但是，如果你觉得自己应该在重新阅读这本书之前先休息几年的话，这两件事情还是值得一想的。那么何时才是重新开始做爱的好时机呢？这里没有特定的规则，除了必须要等到你们两个人，尤其是你的妻子，都准备好了的时候。缺乏睡眠、改变关系、身体形象，甚至只是想象要在孩子旁边发生性关系的画面都可能影响性欲，这些都是我遇到的许多父亲们的真实感受。当我在检查中向新妈妈们提到避孕事项的时候，她们总是会露出一个不以为然的表情。对此，一位女士完美地进行了总结。她直视着我的眼睛，指着自己的下身说："在相当长的一段时间内，没有人能接近这玩意儿。"

但是不要忘记还有其他的性爱方式。当气氛到位时，使用足够的润滑剂，温柔地开拓——在你妻子的引导下。然而毫无疑问，她会感到紧张。有些女性在分娩后会出现漏尿和尿失禁的症状，所以要鼓励你的妻子进行怀孕期间使用的挤压骨盆底练习，如果症状持续，就让她去看看医生。

· 夫妻时间

开始的几个星期非常难熬，但是当事情逐步迈入正轨的时候，你要做的最重要的事情就是寻找二人的节奏。如果有人可以帮忙照看孩子，你们可以花上几个小时的路程出行。你们还可以和宝宝一起出门吃饭，就让它躺在婴儿车里酣睡。崭新的生活就此拉开了序幕。在刚开始带着宝宝跑来跑去的日子里，你们会惊讶于带他是如此的便携，所以一旦你们开始习惯为人父母的生活，就无论如何不应该错过那些社交活动——除非你想把宝宝当作一个借口。

希望当6周时间飞逝之时，你能够找到属于自己的步伐和微笑。现在你可以期待所有的那些肮脏的尿布了，睡眠不足的夜晚和几个小时的痛苦的哭泣变得不值一提，因为你的宝宝终于第一次对你展露了笑容。

为父者说

我本想在第6周的时候完成这本书，并不是因为没有更多的科学阐释或咨询建议了，而是因为我相信从这一刻开始，你只能走属于自己的养儿育儿道路，没有任何的他家之言和书本知识可供借鉴参考。如果你愿意的话，有无数的指南会给你指出关于睡眠规律、断奶、儿童发育和行为的建议，但是我始终认为，为人父亲的美妙之处就在于每位父亲在抚养孩子的方法上都能独树一帜、各领风骚。我希望这本书能作为你的引路人，帮助你在最初的几个星期里让家人肚子吃饱、心情开心、内外干净。尽管这本书很重要，但是，它只能展现你作为父亲的人生和让那个孩子得以存于世间的一小部分缩影。我们从自己的父母那里学习养育子女的技巧，有意识或无意识地选择自己认为做得好的部分，并把它们发扬光大，同时抛开对于现在没有任何帮助的"糟粕"，那些我们希望自己的孩子极力远离的"糟粕"。几十年后，我们为人父母的所作所为自有后辈批判，所以你应该仔细考虑自己想要成为什么样的父亲。当我把打着嗝的女儿抱在怀里，努力推测她是否需要更换尿布时，或者怀疑自己的鼻子是不是太过敏感时，我想到了自从她来到这个家庭中之后，生活究竟发生了多大的改变。不管我曾经多么坚定地认为，孩子的出生绝不会"改变我的核心"，但不可否认，我确实被深深地影响了。过去我遵循着一个以自我为中心的生活方式，而如今的我开始优先考虑为女儿谋求福利，以及她那位不可思议的生养之人，我的妻子。这股爱是如此强烈，而钦佩之情又是如此巨大，以至于我每天都惊讶于这些时刻踊跃的思绪浪潮。当我筋疲力尽，因为工作而承受压力或是努力思考生活的前进方向之时，我会注视着这个家庭的另外两位成员，并且由衷地认为，无论生活终将带来什么，只要她们还在我身边，生活就会变得美好。我有时候会想，在我 60 岁生日聚会上，孩子们会在演讲中向大家诉说什么，或者往更深处想，当我不在了的时候，他们又会告诉别人什么。孩子们带着如此客观的观念来到这个世界上，而我作为他们的父亲，得到了这样一个去告知他们、培养他们、珍惜他们、爱他们的珍贵机会。我不知

道我要花多长时间来完成那篇未来的演讲稿，但我知道的是，
一切才刚刚开始。

● 她想要的 ●

　　要接受关于照顾孩子的帮助，哪怕只是空出 1
小时的休息时间，共度美好的二人世界。

　　不要忘了最初无比珍贵的那几周，它们消失得
是如此之快，以至于在你眼前转瞬即逝。

鸣 谢

　　献给大家的感谢之情难以言表。首先献给我不可思议的爱人——瑞秋，感谢她在整个写作过程中给予我磐石般的支持，她对语法的无懈可击的关注，以及专业的指导，使我在浅显和炫耀之间寻求平衡。她在生活中的技巧使她成为完美的伴侣，无论是为人父母还是在其他方面，若是没有她的温暖、爱和卵巢，这本书是不可能完成的。谢谢你在我最困难的时候给我送来甜甜圈。

　　奥罗拉，这是你的故事，或者说你是故事的开端。你的微笑，你打字时的那种努力和你带来的快乐每天都在激励着我，并希望我能帮助到其他那些刚刚踏上为人父亲道路上的人们。当你有一天读到这篇文章的时候，你要知道你的父亲爱你胜过他在这些文章中所写的一切。

　　致敬爸爸妈妈，感谢你们给了我一个人生中最好的开始，也感谢你们从来没有压抑过我疯狂的想法：你们一直是我坚强的后盾。

　　而我所有的家人和朋友，他们正在为我书中无聊的概念想法、封面设计选择和标题流泪。

致敬约翰·诺埃尔管理公司的全体员工，尤其是约翰·威尔金森，感谢他向我分享了这本书的前途愿景并使它成为现实，当然还有大约翰·诺埃尔老板本人。感谢八达通出版社和凯尔图书公司所有出色的员工，尤其是朱迪思·汉南，感谢她信任一位医生和疲惫的新手爸爸，并和他签订了出版合同，感谢苏菲·艾伦，她给予我专业的指导，也拥有感知我医学大脑思考的能力，在她的帮助下，不会再有那么多人看完我的书后打消生孩子的想法。让我再来介绍一下马特·钱沃斯，感谢他不遗余力地对本书进行了高品位的阐释。

感谢所有在我的医学生涯中支持和教导我的人，我尤其记得舒曼·侯赛因的冷静指导。特别要感谢乔·梅纳德和苏尼塔·莎玛，他们的智慧和技术投入让我难以忘记。感谢所有的助产士、护士、卫生访视员、医生、行政人员和后勤人员，我很荣幸能与他们一起工作，但最重要的是，当我们迎接罗利来到这个世界时，团队出色地支持了我和雷的工作。

最后，我要感谢那些愿意公开分享他们故事的父亲、病人和家庭，不管其中展现了怎样的悲喜，在他们的帮助下，这本书得以在世人面前打开。从你们身上，我学到了无数难以想象的东西。

结合了医务专业人士的医学知识和生活实践经验，一步一步从受孕讲到照顾新生儿，诚实、幽默、迷人，这本书回答了你一直不敢问的问题。

在这个关键的生命诞生之时，知识就是力量，然而你知道的可能要比自认为所掌握的少：什么是子宫颈？怀孕后我们还能做爱吗？助产士为什么要这么做？我要怎么准备好奶瓶？那些便便正常吗？父亲的角色比你想象中的更加重要，那么，你能做些什么来帮助他人呢？

作为一名成为父亲的医生，我希望能在某种程度上回答那些"男人的问题"，那些永远不会出现在酒吧、更衣室、饮水处或其他任何男人可能进行有意义对话场合的问题。

北京市版权局著作合同登记号：图字01-2021-5092

First published in Great Britain in 2019 by
Kyle Books, an imprint of Kyle Cathie Ltd
Carmelite House
50 Victoria Embankment
London EC4Y 0DZ

Text copyright 2019 Oscar Duke
Design and layout copyright 2019 Kyle Cathie Ltd
Illustration copyright 2019 Matt Chinworth

Oscar Duke is hereby identified as the author of this work. All rights reserved.

图书在版编目（CIP）数据

困惑的新爹 / (英)奥斯卡·杜克著；雷若菡译
. —北京：台海出版社, 2022.4
书名原文：How to be a Dad
ISBN 978-7-5168-3239-4

Ⅰ.①困… Ⅱ.①奥…②雷… Ⅲ.①婴幼儿－哺育
－基本知识 Ⅳ.①TS976.31

中国版本图书馆CIP数据核字（2022）第037322号

困惑的新爹

著　者：〔英〕奥斯卡·杜克		译　者：雷若菡	

出 版 人：蔡　旭　　　策划编辑：田鑫鑫
责任编辑：戴　晨　　　封面设计：扁　舟

出版发行：台海出版社
地　　址：北京市东城区景山东街 20 号　邮政编码：100009
电　　话：010-64041652（发行，邮购）
传　　真：010-84045799（总编室）
网　　址：www. taimeng. org. cn / thcbs / default. htm
E-m a i l：thcbs@126.com

经　　销：全国各地新华书店
印　　刷：北京金特印刷有限责任公司
本书如有破损、缺页、装订错误，请与本社联系调换

开　　本：880 毫米 ×1230 毫米　　　1 / 32
字　　数：183 千字　　　　　　　　印　张：8.75
版　　次：2022 年 4 月第 1 版　　　印　次：2022 年 4 月第 1 次印刷
书　　号：ISBN 978-7-5168-3239-4

定　　价：53.00 元